中华治水名言佳句精粹

《中华治水名言佳句精粹》编委会 编
张祝平 主编

中国水利水电出版社
www.waterpub.com.cn
·北京·

图书在版编目（CIP）数据

中华治水名言佳句精粹 / 张祝平主编；《中华治水名言佳句精粹》编委会编. -- 北京：中国水利水电出版社, 2025.3. -- ISBN 978-7-5226-3190-5

Ⅰ. TV-092；H136.33

中国国家版本馆CIP数据核字第2025BD8074号

书　　名	**中华治水名言佳句精粹** ZHONGHUA ZHISHUI MINGYAN JIAJU JINGCUI	
作　　者	《中华治水名言佳句精粹》编委会　编 张祝平　主编	
出版发行	中国水利水电出版社 （北京市海淀区玉渊潭南路1号D座　100038） 网址：www.waterpub.com.cn E-mail:sales@mwr.gov.cn 电话：（010）68545888（营销中心）	
经　　售	北京科水图书销售中心（零售） 电话：（010）68545874、63202643 全国各地新华书店和相关出版物销售网点	
排　　版	中国水利水电出版社微机排版中心	
印　　刷	天津嘉恒印务有限公司	
规　　格	130mm×184mm　32开本　9.5印张　182千字	
版　　次	2025年3月第1版　2025年3月第1次印刷	
定　　价	**48.00**元	

凡购买我社图书，如有缺页、倒页、脱页的，本社营销中心负责调换

版权所有·侵权必究

本书编委会

主　任：吴宏晖

副主任：贺春雷

委　员：郑盈盈　张祝平　柳贤武　金俏俏

主　编：张祝平

副主编：金俏俏

编　写：杨　洋　夏远永　姜文华　杨旭东

前言

水是万物之母、生存之本、文明之源。兴水利、除水害，事关人类生存、经济发展、社会进步，历来是治国安邦的大事。

千百年来，人们逐水而居，因水而美、因水而兴，形成了许多有关水利方面的名言和佳句。这些经典名句不仅代表历代先民知水懂水、治水兴水、节水护水的思想精髓，而且也是人类智慧的结晶，代代相传延续至今，为我们提供了很多启示和反思。

"人与水的关系很重要。"习近平总书记胸怀祖国江河山川，心系民族千秋福祉，"看水"是他地方考察调研的重要环节。党的十八大以来，习近平总书记高度重视水环境、水生态、水资源、水安全、水文化，先后来到长江上游、中游、下游，全程深入考察黄河、运河，站在实现中华民族永续发展和国家安全的战略高度，多次就治水问题发表重要讲话，形成了许多"金句"。"金句"来源于治水兴水新的实践，回应人民群众美好生活新的关切，照亮"人水和谐"高质量发展新的征程。

本书分为水环境、水生态、水资源、水安全、水文化五个篇章，每一篇章摘选 20 条左右水利经典名言，共摘选 100 条，并逐条加以解析，赋予时代内涵、彰显时代价值。其目的在于通过简练而富有启发性的语言，传达关于治水、护水、节水、用水的智慧和原则，阐释新时代治水思路，助力推动中华优秀水文化的传承与创新，并以此激励人们更加自觉地走好水安全有力保障、水资源高效利用、水生态明显改善、水环境有效治理的高质量发展之路。

本书在浙江省水利厅的支持和指导下，由浙江水利水电学院张祝平教授主持编写。浙江水利水电学院杨洋博士、夏远永博士、杨旭东博士和浙江省水文管理中心水资源科副科长金俏俏、丽水学院姜文华博士等承担了各篇章的执笔工作，张祝平完成了对书稿的全面修订，张祝平和金俏俏完成了全书的统稿工作。

由于本书编者知识、经验所限，书中难免存在一些疏漏和不足之处，恳请广大读者批评指正。

编者

2024 年 11 月

目 录

第一篇　水环境 1

圣人之处国者，必于不倾之地，而择地形之肥饶者。
乡山，左右经水若泽 3

一方水土养一方人 6

水之上天，则为雨露，水之下地，则为润泽 9

清之为明，杯水见眸子；浊之为暗，河水不见太山 12

清水出芙蓉，天然去雕饰 15

水深鱼极乐，林茂鸟知归 18

水。至清，尽美 21

水不在深，有龙则灵 24

日出江花红胜火，春来江水绿如蓝。能不忆江南 26

升于高以望江山之远近，嬉于水而逐鱼鸟之浮沉 29

一水护田将绿绕，两山排闼送青来 31

水以清轻甘洁为美 34

千江有水千江月，万里无云万里天 36

小桥流水人家 39

民以食为天，食以水为先，水以净为本 42

才饮长沙水，又食武昌鱼。万里长江横渡，
  极目楚天舒 45

保护江河湖泊，事关人民群众福祉，事关中华民族
  长远发展 48

天更蓝、山更绿、水更清、环境更优美 51

让群众望得见山、看得见水、记得住乡愁 54

持续打好蓝天、碧水、净土保卫战 57

第二篇　水生态 61

海不辞水，故能成其大 63

高毋近旱，而水用足；下毋近水，而沟防省 66

知者乐水，仁者乐山 69

土敝则草木不长，水烦则鱼鳖不大 72

流水不腐，户枢不蠹 75

竭泽而渔，岂不获得？而明年无鱼 77

水激则旱，矢激则远 80

水积而鱼聚，木茂而鸟集 83

故鱼乘于水，鸟乘于风，草木乘于时 85

涉浅水者见虾，其颇深者察鱼鳖，其尤甚者观蛟龙 88

纤纤不绝林薄成，涓涓不止江河生 91

水利之在天下，犹人之血气然 93

绿水青山就是金山银山 96

水是生命之源、生产之要、生态之基 99
坚持生态优先、绿色发展，以水而定、量水而行 102
水是生存之本、文明之源 105
山水林田湖草沙是一个生命共同体 108
要想国泰民安、岁稔年丰，必须善于治水 111
统筹水资源、水环境、水生态治理 114
尽最大努力保持湿地生态和水环境 116

第三篇　水资源 119

水者何也？万物之本原也，诸生之宗室也 121
逝者如斯夫，不舍昼夜 123
不积小流，无以成江海 125
堀地财，取水利 128
甚哉，水之为利害也 130
是以泰山不让土壤，故能成其大；河海不择细流，
　故能就其深 133
欲致鱼者先通水 136
天下之多者水也 138
水德含和，变通在我 140
问渠那得清如许？为有源头活水来 142
青山不老，绿水长存 144
木无本必枯，水无源必竭 146
海纳百川，有容乃大 148

水利是农业的命脉 150
节水优先、空间均衡、系统治理、两手发力 153
精打细算用好水资源，从严从细管好水资源 155
以水定城、以水定地、以水定人、以水定产 157
有多少汤就泡多少馍 159
河川之危、水源之危是生存环境之危、民族存续之危 ...161

第四篇 水安全 165

天下莫柔弱于水 167
善为国者，必先除其五害，五害之属，水为最大 169
修堤梁，通沟浍，行水潦，安水臧，以时决塞 171
深淘滩，低作堰 174
千里之堤，溃于蚁穴 177
禹之决渎也，因水以为师 180
天分浙水应东溟，日夜波涛不暂停 183
水之为物，蓄而停之，何为而不害？决而流之，
　何为而不利？ 185
筑堤束水，以水攻沙 188
用水一利，能违数害 190
兴水利，而后有农功 193
惟地方水利为第一要务 195
一个目标、三个不怕、四个宁可 198
要突出防御重点，坚决避免重大险情 201

大力增强水忧患意识、水危机意识，重视解决好水
　安全问题 204
做好防汛救灾工作十分重要 207
宁可备而不用，不可用时无备 210
有效保护居民饮用水安全，坚决治理城市黑臭水体 ... 213
切实维护南水北调工程安全、供水安全、水质安全 ... 216
国家水网是保障国家水安全的重要基础和支撑 ... 219
水安全保障事关中国式现代化建设全局 222

第五篇　水文化 225

上善若水 227
若以水济水，谁能食之？ 230
水一则人心正，水清则民心易 233
水因地而制流，兵因敌而制胜 236
人性之善也，犹水之就下也 239
水静则明烛须眉，平中准，大匠取法焉 242
君子之交淡若水 245
人视水见形，视民知治不 248
衣缺不补，则日以甚，防漏不塞，则日益滋 251
落其实者思其树，饮其流者怀其源 254
欲流之远者，必浚其泉源 257
在山泉水清，出山泉水浊 260
水有所去，故人无水忧 263

以为沼沚之可以无忧，是乌知舟楫灌溉之利哉？............266
夫水者，启子比德焉..269
知者达于事理而周流无滞，有似于水，故乐水...............273
清如水，明如镜..277
水文化是中华文化的重要组成部分.................................280
中华民族5000多年的历史，从某种意义上来说就是
　一部治水史..284
大运河是祖先留给我们的宝贵遗产.................................288

第一篇
水环境

人类逐水而居,文明因水而兴。水环境主要指以水域为核心的自然环境与人类社会生活环境的交互作用,既包含水体、土地、植被等自然要素,也包含人类活动、人文景观等社会要素。从人类发展的历史来看,水环境深刻影响着社会、经济、文明的发展,与此同时,人类的社会、经济、文明实践也在悄然地改变着水环境。古往今来,无数智者留下了许多经典的水利名言,提醒人们珍爱优美的水环境,重视人与水的互动关系,致力于水环境的长治久清。新时代我国水环境保护正进入关键时期,习近平总书记高度重视水环境

的保护和治理，站在中华民族永续发展的战略高度，作出一系列重要论述，为水利部门与其他相关部门协同推进水环境保护提供根本遵循。我们要深入贯彻习近平生态文明思想，着力推动水环境保护，由水污染治理为主向水资源、水生态、水环境协同治理、统筹推进转变，不断满足人民日益增长的美好生活需要，以美丽中国建设全面推进人与自然和谐共生的现代化。我们每个人都是水环境的享有者，也应成为水环境的守护者。让我们胸怀祖国江河山川，共创民族千秋福祉。

圣人之处国者，必于不倾之地，
而择地形之肥饶者。
乡山，左右经水若泽

原文

昔者，桓公问管仲曰："寡人请问度地形而为国者，其何如而可？"管仲对曰："夷吾之所闻，能为霸王者，盖天子圣人也。故圣人之处国者，必于不倾之地，而择地形之肥饶者。乡山，左右经水若泽。内为落渠之写，因大川而注焉。……内为之城，城外为之郭，郭外为之土阆，地高则沟之，下则堤之，命之曰金城。树以荆棘，上相稽著者，所以为固也。"

——[春秋]管仲《管子·度地》

释文

管仲（？—前645），姬姓，管氏，名夷吾，字仲，颍上（今安徽省阜阳市颍上县）人，中国古代经济学家、哲学家、政治家、军事家、散文家。《管子·度地》一文以管仲回答、齐桓公提问的形式,述说立国安邦与水利、地理的相互关系。"度地"即考察、选取适宜的自然环境建立国家,其中就包括水环境。本句中"乡(鄉)"同"向(嚮)"。意思是:贤明的君主一定会选择地势平坦、土地肥沃、物产丰饶的地方来建立国都,依山傍水的环境,左右有河流或湖泽提供水源,以享用水之利。管仲进一步提出在城内修筑与河流连通的沟渠网络,在城外设置防洪堤、排水沟,确保都城的水网体系内连外通,实现"城水共生"。

评析

2015年12月20日,习近平总书记在中央城市工作会议上发表重要讲话,强调提升城市环境质量、人民生活质量、城市竞争力的重要性和迫切性,旨在建设和谐宜居、富有活力、各具特色的现代化城市,提高新型城镇化水平,走出一条中国特色城市发展道路。其中,习近平总书记在谈到"山水林田湖是城市生命体的有机组成部分,不能随意侵占和破坏"这个道理时,引用了《管子》中的"圣人之处国者,必于不倾之地,而择地形之肥饶者。乡山,左右经水若泽。"❶ 两千多年前,古人便提出建设都城要考虑自然环境尤其是水环境的优势作用。今天我们致力于建设人水和谐、风景如画的美丽城市,正是在这样的理念指导下探索实践的。习近平总书记常常讲述杭州西湖的故事。西子湖畔著名的"三堤"❷,不仅令古人今人心驰神往,更代表"山水相宜,湖城相依"的城市发展理念。

---

❶ 习近平:《习近平著作选读》(第一卷),人民出版社,2023年,第407–423页。
❷ 西湖是杭州著名的景点,处处胜景的西湖以"三堤"尤为著名,分别指苏堤、白堤和杨公堤。

一方水土养一方人

原文

轻水所多秃与瘿人,重水所多尰与躄人,甘水所多好与美人。

——[战国]吕不韦《吕氏春秋·尽数》

释文

吕不韦(前292—前235),姜姓,吕氏,名不韦,卫国濮阳(今河南省安阳市滑县)人。一说阳翟(今河南省禹州市)人。战国末年商人、政治家、思想家、秦国丞相。他所编写的《吕氏春秋》内容包含哲学、史学、政治、道德、天文、地理、农业等社会科学和自然科学等,尤其对后稷以来的农业生产技术作了比较系统的论述,是战国秦汉之际颇有影响和代表性的著作,总结了古往今来的历史教训和经验,在思想上为秦国的统一提供了完整的统治理论和依据。"一方水土养一方人"是一句有名的中国俗语,常指由于环境不同，导致人们的思想观念和文化特征也不同。其出处最早可以追溯到《吕氏春秋·尽数》篇中，用来描述不同地域的人们因地理环境的不同而形成各自独特的生活方式和文化习俗。"轻水所，多秃与瘿人；重水所，多尰与躄人；甘水所，多好与美人。"意思是说，在水轻的地方，常有秃头和患大脖子病的人；在水重的地方，常有肿腿和不能走路的人；在水甜的地方，常出仪容端庄、美丽的人。

评析

"一方水土养一方人"这句俗语内含着深刻的生活哲学，传达了地理环境尤其是水环境对当地居民生存和发展的重要性，在今天仍有重要启示。首先，从水土资源和地域文化来看，每个地方的水土资源条件不同，这直接影响了当地人的生活方式、文化习俗和社会发展。水土资源的特点塑造了地方的独特文化，使不同地域具有不同的特色和优势。其次，水环境对人的影响，人类生活在特定的自然环境中，这些环境条件会对人的身心健康、生活方式产生重要影响。例如，水资源充足的地方，可能会促进农业发展，而缺水干旱的地方，则可能发展畜牧业等适应性更强的产业。再者，地方的发展离不开对水土资源的合理利用和保护。当地居民需要在尊重自然的基础上，科学地利用当地的水土资源，推动经济社会的可持续发展。最后，理解"一方水土养一方人"，并不仅仅是简单地描述水环境对人类的影响，更是呼吁人们应该尊重、珍惜并善待自身所处的水土环境，以实现自身与环境的互惠共生。习近平总书记在基层考察时，谈到从"一方水土养一方人"到"一方水土富一方人"[1]，体现了对水环境保护与经济发展之间的平衡重要性的认识。通过依靠当地水土资源富集当地人民，推动产业升级，实现经济社会的可持续发展。

---

[1] 本书编写组：《习近平与大学生朋友们》，中国青年出版社，2020年，第11页。

水之上天，则为雨露，水之下地，则为润泽

原文

天下之物，莫柔弱于水，然而大不可极，深不可测；修极于无穷，远沦于无涯；息耗减益，通于不訾；上天则为雨露，下地则为润泽；万物弗得不生，百事不得不成；大包群生，而无好憎；泽及蚑蟯，而不求报；富赡天下而不既，德施百姓而不费；行而不可得穷极也，微则不可得把握也；击之无创，刺之不伤；斩之不断，焚之不然，淖溺流遁，错缪相纷，而不可靡散；利贯金石，强济天下；动溶无形之域，而翱翔忽区之上，邅回川谷之间，而滔腾大荒之野；有余不足与天地取与，授万物而无所前后。是故无所私而无所公，靡滥振荡，与天地鸿洞；无所左而无所右，蟠委错紾，与万物始终。是谓至德。

——[西汉]刘安《淮南子·原道训》

释文

刘安（前179—前122），淮南国寿春（今安徽省淮南市寿县）人。西汉文学家、道学家、思想家。《淮南子》由刘安及其门客所著。淮南，山环水绕之地，西汉时期的淮南人民生活在河湖交织、泉潭错落的水环境，在享用江淮流域用水之利的同时，也创造了发达的水利文化，包括对水环境的亲近之爱以及对水资源的深刻认识。《淮南子·原道训》的这段话是对老庄水思想的继承和发展，将水环境的功能与价值描绘得淋漓尽致。水升华到天上成为雨露，落到大地就能润泽草木，万物得不到水的滋养就不能生长，可谓水与万物共生。

评析

《淮南子》中对水的描述和论述体现了古代先民对水环境、水资源的重视和利用。通过对水的观察和理解，《淮南子》试图探讨自然的水环境与人类社会发展的关系，旨在说明水与万物共生的道理，水是生命之源，是维护自然生态平衡的关键因素。水与万物共生的理念，从水环境角度理解，强调保护水环境对于保护地球生态系统、维护生物多样性、促进可持续发展是至关重要的,实现水环境与万物共生需要全人类的共同关注和努力。水环境事关国家生态安全和人民健康,在新时代,统筹发展与安全,必须切实防范水环境风险,站在水与万物共生的高度,高质量持续推进水环境保护和治理工作,高水平建设人水和谐美丽中国。

清之为明，杯水见眸子；
浊之为暗，河水不见太山

原文

故玉在山而草木润，渊生珠而岸不枯；蚖无筋骨之强，爪牙之利，上食晞堁，下饮黄泉，用心一也。清之为明，杯水见眸子；浊之为暗，河水不见太山。

——[西汉]刘安《淮南子·说山训》

释文

《淮南子·说山训》对水的性质有深层次的剖析，主要概括为三个方面：其一，水有清浊、甘苦之别。"清之为明，杯水见眸子；浊之为暗，河水不见太山。"也就是说，清水透明，只需一杯清水就能照见你的眼睛；浊水浑暗，就是有黄河那么大的水域也照映不出泰山来。《淮南子·修务训》中"（神农）尝百草之滋味，水泉之甘苦，令民知所辟就"指出，在人们的日常生活中，水也有甘甜和苦涩之分，并能够调和"五味"。其二，水能克火。《淮南子·兵略训》中举例"夫水势胜火，章华之台烧，似升勺沃而救之，虽涸井而竭池，无奈之何也；举壶榼盆盎而以灌之，其灭可立而待也"。其三，水有不同形态，气态、液态、固态可以相互转化。《淮南子·天文训》中"积阴之寒气为水""阳气胜则散而为雨露，阴气胜则凝而为霜雪"，《淮南子·俶真训》中"夫水向冬则凝而为冰，冰迎春则泮而为水"均有体现。❶

评析

《淮南子》对水的性质有着深刻且辩证的认识和考察，唯有熟知水"性"，才能更好地体悟水在环境中的基础性作用，这为后世思考水资源开发利用和改善人类生存环境提供重要的思想基础。今天，"环境水利"中讨论水的性质，即水质。水质是水体质量的简称，由水的物理学、化学和生物学等方面的综合性质所决定。按水的用途和人类用水需要，制定不同用水的质量标准，可将同一用水划分若干等级或类型。《地表水环境质量标准》（GB 3838—2002）将水质划分为五类，分别为Ⅰ类、Ⅱ类、Ⅲ类、Ⅳ类和Ⅴ类，这五类水

---

❶ 《淮南子》中指出水有三性，参见李松：《淮河（淮南）文化十五讲：因水为师 治水有道：淮南水文化》。

质标准分别对应不同的水质要求和生态环境保护需求❶。水质好坏直接关系人们的生活质量和生态健康。水环境质量标准的制定和执行是保护水环境、维护水质的重要手段。只有严格遵守水环境质量标准,加强对水环境的监测和管理,才能有效保护水资源,维护水生态平衡,为人类和其他生物提供清洁美丽的水环境。

---

❶ Ⅰ类水(清澈纯净),适用于源头水和国家自然保护区,是生态系统的宝贵资源;Ⅱ类水(优质饮用水水源),一级保护区的集中供水,包括水生生物栖息地和鱼类繁育地,是人类健康的保障;Ⅲ类水(优质生活用水),二级保护区、鱼类栖息地及游泳区用水,适用于日常生活和休闲娱乐;Ⅳ类水(工业用水及娱乐用水),适用于一般工业和非直接接触的娱乐用水,需适度控制污染;Ⅴ类水(农业及景观用水),农田灌溉和普通景观用水,但污染程度较重。若水质超过Ⅴ类,即人们关注的劣Ⅴ类水。

清水出芙蓉，天然去雕饰

原文

览君荆山作，江鲍堪动色。清水出芙蓉，天然去雕饰。
逸兴横素襟，无时不招寻。朱门拥虎士，列戟何森森。
剪凿竹石开，萦流涨清深。登台坐水阁，吐论多英音。
片辞贵白璧，一诺轻黄金。谓我不愧君，青鸟明丹心。

——[唐]李白《经乱离后天恩流夜郎忆
旧游书怀赠江夏韦太守良宰》

释文

李白（701—762），字太白，号青莲居士，唐代伟大的浪漫主义诗人，被后人誉为"诗仙"，与杜甫并称为"李杜"。李白素来热爱山水，热衷于游历山水，其山水诗几乎涵盖大半个中国的疆土。李白的山水诗彰显了浓厚的生态美学意识，饱含着对水环境的热爱与尊重，智者乐水，与水为伴，书写出了与天地融为一体的生态自我。《经乱离后天恩流夜郎忆旧游书怀赠江夏韦太守良宰》一诗是李白在江夏与太守韦良宰临别时所作。"清水出芙蓉，天然去雕饰"意思是：清澈的水里面开出的芙蓉，纯净天然没有一点修饰。在水环境的语境下，这一句点出良好的水环境能够滋养芙蓉花的生长，也抒发出水是涤荡人心最纯净的介质。原诗中李白以它来赞美太守韦良宰文章的自然清新，同时也是李白对诗歌创作的见解和主张。

评析

"清水出芙蓉"暗喻清澈的水质与优美的水生植物之间相辅相成的和谐关系，只有保持水体清洁，保护水生环境，才能让水生植物得到良好的生长条件，让自然界展现出最美丽的一面。水环境之美按照美的属性可以划分为自然美、社会美、艺术美、科技美。自然美主要是由自然造化而形成的美，较多保持水的本原状态而呈现出来的水环境。社会美主要体现在人类社会的进步和文明中，它反映了人类社会的积极方面，如尊重自然、顺应自然、保护自然的人与自然和谐共生观，以及劳动创造、社会秩序、道德风尚等。同时，自然美与社会美相互影响、相互补充、相互渗透，生活中的很多水环境经过人类的劳动改造，使得水的形象比原来的自然状态更加美好。科技美、艺术美则因自然美而生,自然美也因科技美和艺术美而得以更好地展现和传播。水环境的自然美是一种稀缺资源,受到生态系统和人类活动的影响,一旦受到破坏,很难恢复到原来的状态。2022年,为助力全面推进美丽中国建设,水利部印发《关于推动水利风景区高质量发展的指导意见》,提出到2025年,我国将新建100家以上国家水利风景区;到2035年,水利风景区总体布局进一步优化,使水利风景区成为幸福河湖的重要标识、生态文明建设的水利名片[1]。守护好水环境的自然美境是维护河湖健康生命,打造高质量水利风景区品牌,助力水利高质量发展,满足百姓日益增长的美好生活需要的重要依托。

---

[1] 水利部:《关于推动水利风景区高质量发展的指导意见》,http://www.mwr.gov.cn/zwgk/gknr/202208/t20220804_1589807.html,2022年7月30日。

水深鱼极乐,林茂鸟知归

原文

易识浮生理,难教一物违。
水深鱼极乐,林茂鸟知归。
吾老甘贫病,荣华有是非。
秋风吹几杖,不厌此山薇。

——[唐]杜甫《秋野五首·其二》

释文

《秋野五首》是唐代诗人杜甫的组诗作品,通过对秋色野性的描写,表达了作者对山野生活的向往和退隐的心情。"水深鱼极乐,林茂鸟知归"一句,"极乐":非常快乐。"知归":知道归宿,指鸟儿知道在茂密的树林中有安全的栖息地。这句诗翻译为:如果河水深湛,鱼就极其快乐;如果树林茂盛,鸟自然知道回还。这里描写的是一种自然之理。鱼、鸟各有自己的生存之所,它们把水、林作为自己的藏身之处和生活之地，当然希望水、林能尽善尽美。"水深""林茂"是鱼、鸟所期待的，人同样也期待像鱼、鸟一样过一种自得其乐的生活，尤其是栖居于茂林修竹、绿水环绕的诗意之地。

评析

俗语说"鱼儿离不开水"，鱼和水环境天然的亲近关系是自然法则，水环境为鱼类提供生存处所、食物来源、繁殖场所，鱼类对维持水环境及其水生生态系统的平衡起着重要作用。鱼类与水环境的亲近关系是相互依存、相互制约的，只有在适宜的水环境中，鱼类才能健康生长、繁衍后代，保持生态平衡。因此，保护水环境、维护水生生物多样性是非常重要的，如此才能保障鱼类的生存和生长。党的十八大以来，习近平总书记多次深入长江沿线考察调研，详细了解"长江十年禁渔"❶的实施情况，强调要"坚定推进长江'十

---

❶ "长江十年禁渔"是 2020 年 1 月农业农村部发布的一个关于禁止捕捞天然渔业资源的计划公告。公告称，长江干流和重要支流除水生生物自然保护区和水产种质资源保护区以外的天然水域，最迟自 2021 年 1 月 1 日 0 时起实行暂定为期 10 年的常年禁捕，期间禁止天然渔业资源的生产性捕捞。禁渔全面实施以来成效初显，长江流域重现"水清岸绿、鱼跃鸟飞"的美景，共抓大保护、不搞大开发成为全社会共识。

年禁渔',巩固好已经取得的成果"❶。长江以水为纽带,连接上下游、左右岸、干支流、江湖库,是我国的重要生态宝库和生态屏障。经过多年过度开发利用,长江流域生态功能一度退化严重,长江江豚、中华鲟等珍稀物种处于极度濒危状态。实施长江十年禁渔,主动放弃竭泽而渔、掠夺自然的发展模式,摒弃以牺牲生态环境为代价换取一时一地经济增长的做法,蕴含着中华文化天人合一的朴素哲学思想,能够使长江得以休养生息,实现人与自然和谐共生。

---

❶ 中共国家发展和改革委员会党组,中央区域协调发展领导小组办公室:《坚定不移推进长江十年禁渔 奋力谱写长江大保护新篇章》,《人民日报》,2024年4月12日。

水。至清，尽美

原文

水。

至清，尽美。

从一勺，至千里。

利人利物，时行时止。

道性净皆然，交情淡如此。

君游金谷堤上，我在石渠署里。

两心相忆似流波，潺湲日夜无穷已。

——[唐]刘禹锡《叹水别白二十二》

释文

刘禹锡（772—842），字梦得，唐代文学家、哲学家，有"诗豪"之称。刘禹锡一生与水有缘，诗歌豪情万丈，意味隽永，写下诸多关于长江、大运河的经典篇章。《叹水别白二十二》的"白二十二"指白居易。这首诗作于唐大和三年（829年），晚年的刘禹锡结束流放生活在洛阳与白居易相见分别时所写。"水。至清，尽美。从一勺，至千里。利人利物，时行时止"意思是：水，很清澈，也极为美好。从一勺，到绵延千里的江水。对人和物都有益处，有时如溪水流动，有时如湖水一样静止。这几句诗描绘出水环境的自然美感和状态，同时也是作者以水为题来写送别，用水来表达与白居易的友情。

评析

水的至清尽美展现了美丽河湖的自然魅力和优美景观。保护与建设美丽河湖是贯彻落实习近平生态文明思想、推进生态文明建设的重要实践。《中华人民共和国国民经济和社会发展第十四个五年规划和2035年远景目标纲要》明确提出，要推进美丽河湖保护与建设。美丽河湖保护与建设是人民群众日益增长的优美水环境需要，是实现美丽中国的重要探索路径，是"绿水青山就是金山银山"理念的具体实践。水质优良是美丽河湖的应有之义，水环境是美丽河湖建设中至关重要的一环。保护和改善水环境，不仅能够提升河湖的生态质量和景观价值，也对周边的生态系统、人类健康和经济发展具有重要影响。保护江河湖泊，事关人民群众福祉，事关中华民族长远发展。保护水环境、改善水质、恢复水生态系统和合理利用水资源是美丽河湖建设不可或缺的重要任务，需要政府、企业和社会各界共同努力，以实现可持续发展和建设美丽的河湖环境。

水不在深，有龙则灵

原文

山不在高，有仙则名。水不在深，有龙则灵。斯是陋室，惟吾德馨。苔痕上阶绿，草色入帘青。谈笑有鸿儒，往来无白丁。可以调素琴，阅金经。无丝竹之乱耳，无案牍之劳形。南阳诸葛庐，西蜀子云亭。孔子云：何陋之有？

——[唐]刘禹锡《陋室铭》

释文

《陋室铭》是唐代诗人刘禹锡创作的一篇托物言志骈体铭文。全文短短81个字，作者借赞美陋室抒写自己志行高洁，安贫乐道，不与世俗同流合污的意趣。开篇以山水起兴，水可以不在深，只要有了仙龙就可以出名，那么居处虽然简陋，却因主人的有"德"而"馨"，也就是说陋室因为有道德品质高尚的人存在当然也能出名。"水不在深，有龙则灵"一句从水环境的角度说明，美好的水环境富有灵气，别有一番韵味,人们对理想生活的追求也包括对美好水环境的向往。

评析

水环境之美会给生活空间增加灵气和韵味。水的流动、清澈和柔美具有独特的美感,能够为生活空间带来一种宁静、舒适的氛围。比如,在城市空间中设置水景,能够为城市增添一份生机和活力,营造舒适宜人的环境,为城市增色添彩。通过开发水系交通,既可以连接城乡,促进资源流动,改善人居环境,推动经济发展,又可以让人们通过水上游览,欣赏沿岸的景色。而在一些古老的水乡村镇,如临河古镇、水乡城市,则因水而兴,水系是这些地方的灵魂和活力所在。这些水乡的古建筑、古桥、古街等与水相映成趣,营造出一种古朴、优美的风情,是宜居宜游宜养的好地方,常常吸引大量的游客和文艺爱好者。如今,许多著名的水景点,如杭州西湖、济南大明湖、南京玄武湖、哈尔滨松花江等,以及众多的水乡古镇、村落水系都成为了地方的文化名片。因此,美好的水环境也是珍贵的文化遗产。

日出江花红胜火,春来江水绿如蓝。能不忆江南

原文

江南好,风景旧曾谙。日出江花红胜火,春来江水绿如蓝。能不忆江南?

——[唐]白居易《忆江南》

释文

白居易(772—846),字乐天,号香山居士,又号醉吟先生,唐代现实主义诗人,与李白、杜甫并称唐代三大诗人。白居易先后做过杭州、苏州刺史,江南的水环境给他留下了难忘的记忆。晚年,他写下三首《忆江南》,抒发他对江南水景的赞美和怀念。"日出江花红胜火,春来江水绿如蓝。能不忆江南?"是其中的第一首,描绘的是江南美丽的春景,即春天的时候,晨光映照的岸边红花,比熊熊的火焰还要红,碧绿的江水绿得胜过蓝草。面对此情此景,怎能不

怀念江南。这样让人流连忘返的江南胜景，并不是听人说的，而是白居易亲身感受和体验的，因此在他的内心深处和审美意识里才留下了隽永的记忆。

评析

白居易的《忆江南》三首，其中第二首特别提到杭州，"江南忆，最忆是杭州。"在出任杭州刺史期间，白居易曾为杭州的水环境治理作出巨大贡献。他疏浚六井，便民饮水，筑堤保湖，兴修水利，使杭州百姓能够近湖而栖，安居乐业，这些举措也奠定了西湖"三面云山一面城"的格局。

杭州是典型的江南水乡，水环境是杭州的灵魂。杭州拥有西湖、钱塘江等众多水体，这些水体不仅为城市提供了美丽的自然景观，也是城市文化和历史的重要组成部分。杭州的许多历史遗迹和文化传统都与水有关，如西湖的传说、运河的航运历史等，这些都体现了水对杭州文化的影响。水环境对杭州的经济发展也发挥着至关重要的作用，正在成为本地旅游业发展的重要基础。数据显示，2023 年杭州全年完成水路客运量 698.5 万人次、旅客周转量 10770.3 万人公里，同比 2022 年分别增长 187.9%、194.4%，达到历史新高[1]。水

---

[1] 数据来源《2023 年杭州市水路客货运输量均创新高》。

上夜游项目尤其受到欢迎,成为旅游热潮,给杭州旅游经济注入了新的活力。杭州以"人间天堂"著称,水环境在城市生活中占据着核心地位,它不仅是自然美景的源泉,也是文化传承、经济发展和生态保护的关键。

升于高以望江山之远近，
嬉于水而逐鱼鸟之浮沉

原文

若乃升于高以望江山之远近，嬉于水而逐鱼鸟之浮沉，其物象意趣、登临之乐，览者各自得焉。

——[宋]欧阳修《真州东园记》

释文

欧阳修（1007—1072），字永叔，号醉翁，晚号六一居士，北宋政治家、文学家、史学家。欧阳修的山水诗婉转动人，表达了他对秀丽水环境的向往和对大自然美学的欣赏。《真州东园记》是欧阳修于北宋皇祐三年（1051年）所作的一篇散文，文章以记立说，描绘了东园的绮丽风光，称颂建园者施昌言、许元和马遵的显赫政绩，表达了作者的行政治民理想。"升于高以望江山之远近，嬉于水而逐鱼鸟之浮沉"意思是：登高遥望江山的远近，戏水追逐鱼鸟的沉浮。如此，观赏的人便能够领略到自然景物的形象意趣以及登高临水的欢乐。这里描绘出一幅生动的山水相依、鱼鸟和谐、游人在水环境中各得其乐的景象。

评析

人类自古以来就具有对水环境的亲近之感，即亲水情结。水环境在人类的生存与发展中扮演着重要的角色，同时也是人类活动的重要载体。在人类早期的历史中，依水而居是人类的本能选择，人们在有水的环境中居住、狩猎、捕鱼、栽种作物，水环境中水资源的状况直接关系到人类的生计。与此同时，人类在水环境中建立了许多与水相关的文化、习俗和信仰，水因此也成为了人类精神生活和情感世界的重要连接纽带。随着社会的发展和科技的进步，人们对水环境的直接依赖程度较古代社会减少，但是亲水情结却依然存在。水景、沙滩、泳池等水域景观成为了人们休闲娱乐的热门去处，水疗、水运动等与水相关的活动也备受青睐。亲水旅游成为当今社会的新兴产业，各种在水环境中开发的产品和服务日益受到人们的追捧。总的来说，人类对水环境的亲水情结是源远流长的，水对人类的吸引力是多方面的，涉及人们对生命、自然、文化、休闲等多个层面的情感和需求。人们应当珍惜水资源，爱护水环境，让人类的亲水情结得以延续下去。

一水护田将绿绕，
两山排闼送青来

原文

茅檐长扫净无苔，花木成畦手自栽。
一水护田将绿绕，两山排闼送青来。
桑条索漠楝花繁，风敛余香暗度垣。
黄鸟数声残午梦，尚疑身属半山园。

——[宋]王安石《书湖阴先生壁》

释文

王安石（1021—1086），字介甫，号半山，北宋时期政治家、文学家、思想家、改革家。《书湖阴先生壁》是王安石题在杨德逢屋壁上的一组诗。杨德逢，别号湖阴先生，是王安石退居金陵时的邻居和经常往来的朋友。诗中描写湖阴先生庭院和环境之美，尤其是水清岸绿的田园水环境，也赞扬了湖阴先生爱勤劳、爱洁净、爱花木和热爱自然山水的良好品性和高尚的情趣。"一水护田将绿绕,两山排闼送青来"中,"护田"指护卫环绕着农田,"排闼"指开门,"闼"指小门,"送青来"指送来绿色。这句诗的意思是:庭院外一条小河护卫环绕着农田,将绿苗紧紧环绕;两座青山打开门来为人们送来绿色。诗人暗用"护田"与"排闼"两个典故,描绘了水对田的护惜之情,山对人的友爱之情,呈现出一幅和谐的水环境美景。

评析

"一水护田"象征河流和水域是保护农田的源泉和动力,水的存在为农田提供了生长所需的水源,以保持农田湿润。保护田间的水源是保护水环境的关键,只有保持土地的水源涵养功能,防止水土流失和污染,才能确保水资源的持续供应和质量。农田水环境的保护对于维护生态平衡和提高农业可持续发展至关重要。水土保持是江河保护治理的根本措施,是生态文明建设的必然要求。党的十八大以来,我国水土保持工作取得显著成效,水土流失面积和强度持续呈现"双下降"态势,但我国水土流失防治任务仍然繁重。党的二十大强调,推动绿色发展,促进人与自然和谐共生,这对水土保持工作提出了新的更高要求。2023年初,中共中央办公厅、国务院办公厅印发《关于加强新时代水土保持工作的意见》,提出以山青、水净、村美、民富为目标,以水系、村庄和城镇周边为重点,大力推进生态清洁小流域建设,推动小流域综合治理与提高农业综合生产能力、发展特色产业、改善农村人居环境等有机结合,提供更多更优蕴含水土保持功能的生态产品[1]。

---

[1] 中共中央办公厅 国务院办公厅印发《关于加强新时代水土保持工作的意见》,国务院公报 2023 年第 2 号。

水以清轻甘洁为美

原文

水以清轻甘洁为美。轻甘乃水之自然,独为难得。古人品水,虽曰中泠惠山为上,然人相去之远近,似不常得。但当取山泉之清洁者。其次,则井水之常汲者为可用。若江河之水,则鱼鳖之腥,泥泞之污,虽轻甘无取。凡用汤以鱼目蟹眼连绎并跃为度。过老则以少新水投之,就火顷刻而后用。

——[宋]赵佶《大观茶论》

释文

赵佶(1082—1135),宋徽宗,宋朝第八位皇帝,书画家,我国历史上第一位撰写茶类作品的帝王。《大观茶论》原名《茶论》,是宋徽宗赵佶所著关于茶的专论,因成书于大观元年(1107年),故后人称之为《大观茶论》。此书从侧面反映了北宋以来我国茶业的发达程度和制茶技术的发展状况,为人们认识宋代茶道留下了珍贵的文献资料。其中赵佶特别论述了烹茶时对水的要求，选用适合的水质是实现完美茶道炮制的关键之一。无水不成茶，好茶必定要配好水，水质的好坏直接影响茶汤的品质质量。

评析

茶作为中国传统的饮品，有着悠久的历史和文化。饮茶品茗是一种与家人朋友聚会的活动，也可以是个人独处时的雅趣。茶和水环境之间有着密切的关系。首先，茶叶作为一种特定的作物，需要在适宜的水环境中生长。茶树对水质有较高要求，水资源的浪费和污染会影响茶叶的生长和品质，进而影响人们的饮食。因此，保护水源地、合理利用水资源是维护茶叶可持续生产和保证人们饮食品质的基础。其次，茶作为一种饮品，需要清洁的水资源来冲泡。保护水环境的清洁、避免水源污染，对于确保人们饮用茶叶水的健康与安全至关重要。一个干净、安全的水环境是维护人类健康和民生福祉的基础，也保障了茶叶的品质。这也启示我们，解决水环境问题、提升用水品质是重要的民生工程，要全力推进河湖长制贯彻实施，统筹推进水资源保护、水岸线管控、水污染防治、水生态修复等重点工作，让河畅、水清、岸绿、景美的水环境成为美好生活的鲜亮底色。

千江有水千江月，
万里无云万里天

原文

千山同一月，万户尽皆春。
千江有水千江月，万里无云万里天。

——[宋] 雷庵正受《句》

释文

雷庵正受（1146—1208），字虚中，号雷庵，是宋朝的一位高僧，属于云门宗雪窦寺下第七世。"千江有水千江月，万里无云万里天"意思是：千江有水，自然就会映出天上的月亮，万里无云，自然就会显露出万里的天空。从水环境的角度理解，"千江映月"是一种自然的物理现象，即每一条江河都拥有自己独特的水文景观，每一个月亮倒映在河水中都散发着迷人的光彩，呼应着自然美景和水环境的关系。同时这两句也是境界极高的佛家偈语。前一句，月如佛性，千江则如众生，江不分大小，有水即有月；人不分高低，有人便有佛性。佛性在人心，无所不在；就如月照江水，无所不映。后一句，天空有云，云上是天。只要万里天空都无云，那么，万里天上便都是青天。天可看作是佛心，云则是物欲、是烦恼。烦恼、物欲尽去，则佛心本性自然显现。

评析

今天我们阅读"千江有水千江月"，感受到的是它表达的对自然美景和水环境的赞美和尊重，体现了古人对大自然的敬畏之情，也提醒我们在日常生活中要爱护自然、保护水资源，促进可持续发展，实现人与水环境、人与自然的和谐共生。

2021年10月，习近平总书记考察黄河入海口，并在济南市主持召开深入推动黄河流域生态保护和高质量发展座谈会。他指出："这些年，我多次到沿黄河省区考察，对新形势下解决好黄河流域生态和发展面临的问题，进行了一些调研和思考。继长江经济带发展战略之后，我们提出黄河流域生态保护和高质量发展战略，国家的'江河战略'就确立起来了。"[1] 这是习近平总书记首次明确提出"江河战略"。国

---

[1] 水利部编写组：《深入学习贯彻习近平关于治水的重要论述》，人民出版社，2023年，第245页。

家"江河战略"是以长江战略、黄河战略两大流域发展战略为依托，统筹流域性整体国土空间的人口资源环境要素、统一谋划流域（区域）经济社会高质量发展的国家战略，是对长江经济带发展战略、黄河流域生态保护和高质量发展战略的提升和扩展，关乎国家发展全局，是推进我国经济社会高质量发展的重要支撑。"江河战略"以"江河"命名，水利部门责无旁贷，理应作为贯彻落实的推动者和实践者。水利行业要深入学习领会国家"江河战略"的精神要义、深刻内涵、目标任务、实现路径等，并抓好落实，率先垂范。当前治水管水兴水工作要紧紧围绕国家"江河战略"，统筹做好水旱灾害防治、水资源节约利用与保护、水生态保护修复、水环境治理、国家水网建设等各项重点工作，扎实推动新阶段水利高质量发展。

小桥流水人家

原文

枯藤老树昏鸦,小桥流水人家,古道西风瘦马。夕阳西下,断肠人在天涯。

——[元] 马致远《天净沙·秋思》

释文

马致远(约 1250—1321),号东篱,大都(今北京市)人,元代戏曲作家、散曲家、散文家。与关汉卿、郑光祖、白朴并称"元曲四大家"。《天净沙·秋思》是马致远创作的小令,是一首著名的散曲作品。此曲以多种景物并置,组合成一幅秋郊夕照图,让天涯游子骑一匹瘦马出现在一派凄凉的背景上,从中透出令人哀愁的情调,它抒发了一个飘零天涯的游子在秋天思念故乡、倦于漂泊的凄苦愁楚之情。这支小令句法别致,前三句全由名词性词组构成,一共列出九种景物,言简而意丰。全曲仅五句二十八字,语言极为凝练却容量巨大，意蕴深远，结构精巧，顿挫有致，被后人誉为"秋思之祖"。其中"小桥流水人家"一句中，"人家"：农家。小桥下，流水潺潺，旁边有几户人家。后人多引用这一句形容典型的江南水乡特色，纵横交错的河道，伴水而居的人家，幽静的小巷，质朴的拱桥，还有历经沧桑的古宅、古树、古井……共同构成以水环境为依托的江南水乡文化景观。

评析

水环境因其地域属性，形塑了独具特色的文化景观。一些地区独特的地形地貌为它带来了宜人的气候环境和丰富的水资源，水环境与地域历史文化和谐共生，形成独具风韵的自然景象和人文景观；而有一些地区可能面临水资源匮乏和水环境恶化的挑战，影响当地的文化传承和发展。综合来看，水环境的地域性和文化景观差异是水资源保护和水环境治理工作中需要考虑的重要因素，需要充分理解和尊重不同地域和文化的特点，采取有针对性的措施，实现水环境保护与人文景观的和谐发展。

其中，"小桥流水人家"的江南水乡是中国南方地区独特的地域文化景观，以水乡、水郊和水城为主要特征，拥有丰富的水资源和优美的水环境。对江南水乡来说,水是命脉,水环境的好坏直接关系到当地人民的生活。江南多水,水在景观、风水、文化上均富有意义,江南传统古村落因而在居住文化中确立了"枕山、环水、面屏"的居住模式,形成村环四流、因水成村的景观,正所谓"山为骨架、水为血脉",水边民居粉墙黛瓦、鳞次栉比排列在穿村而过的河溪旁,青石铺路,小桥流水人家。江南古村落对于水景的理水方式,是顺之、从之、理之,不违其道,不背其性,从而达到与水、与自然万物和谐共生,完成了人与自然的合一[1]。

---

[1] 郑绩:《江南文化系列报道 | 江南的古村落,蕴含着丰富的文化内涵》,《钱江晚报》,2020年12月25日。

民以食为天,食以水为先,水以净为本

原文

盖水为万化之源,土为万物之母。饮资于水,食资于土。饮食者,人之命脉也,而营卫赖之。

——[明]李时珍《本草纲目》

释文

李时珍(1518—1593),字东璧,号濒湖,晚号濒湖山人,明代著名的医药学家。李时珍在《本草纲目》中把水列为各篇之首,并指出:"盖水为万化之源,土为万物之母。饮资于水,食资于土。饮食者,人之命脉也,而营卫赖之。故曰:'水去则营竭,谷去则卫亡。'然则水之性味,尤慎疾卫生者之所当潜心也。"此句大意为:水是万化之源,土为万物之母。人的饮食均源于水土,而饮食又是人生的命脉。因此,他对水的性味、流止寒温、浓淡甘苦等进行了深入的研究。此后,民间就有"药补不如食补,食补不如水补"和"民以食为天,食以水为先,水以净为本"的说法,并广泛地流传开来。"民以食为天"反映了人类对于食物的重视和依赖,而要想获得优质的食物,首先要保证食物的安全和清洁,而水便成为了这个过程中至关重要的一环;"食以水为先"这一观念强调了水在饮食和健康中的重要性,其重要性甚至超过了食物本身;"水以净为本"则意味着水的洁净是其最根本的基础,强调了水质纯净对于人类生活和健康的重要性。

评析

　　水环境对民生有着极其重要的意义,涉及饮用水安全、食品安全、生存环境、生命健康等诸多方面。首先,饮用水的安全直接关系到人们的健康。保护水源的清洁和纯净,确保饮用水的安全性,是维护民生健康的首要任务。其次,从农业灌溉的角度来看,灌溉水源的质量和充足性直接关系到农作物的生长和产量。保护水环境,确保农业灌溉水的充足和清洁,对于保障粮食安全具有至关重要的意义。再者,水不仅是农作物的生长必需品,也是食品加工和烹饪过程中的重要原料。保障水质的安全和清洁,对于确保食品的质量和安全至关重要。同时,清洁的水环境直接关系到人们的健康和生活质量。水污染可能导致各种健康问题，如水源污染导致的肠胃疾病、水中重金属超标导致的慢性中毒等，严重威胁着人们的生命健康。水环境对民生意义重大，保护水资源、改善水环境质量，是维护人类健康、促进社会经济可持续发展的重要举措。为此，全社会各方面应当共同努力，加强水环境保护和治理工作，以确保人们获取安全和清洁的水，实现健康、幸福的生活。

才饮长沙水,又食武昌鱼。万里长江横渡,极目楚天舒

原文

才饮长沙水,又食武昌鱼。万里长江横渡,极目楚天舒。不管风吹浪打,胜似闲庭信步,今日得宽馀。子在川上曰:逝者如斯夫!

风樯动,龟蛇静,起宏图。一桥飞架南北,天堑变通途。更立西江石壁,截断巫山云雨,高峡出平湖。神女应无恙,当惊世界殊。

——毛泽东《水调歌头·游泳》

释文

毛泽东的诗词常以波澜壮阔的笔墨描绘自然景观,大江大河等水环境也是他作品中常见的题材之一。他善于运用生动的语言和丰富的意象,将水的形态、气息和情感巧妙地融入诗篇之中。在描写水时,毛泽东常常借用水的流动、清

澈、澎湃等特征，表达对自然的赞美、对生命的豁达以及对革命事业的热情。同时，他也会通过对水的描绘，投射出自己对社会变革的思考和对人民的关怀。《水调歌头·游泳》作于1956年6月，毛泽东巡视南方，视察长江大桥施工，并于6月1日、3日、4日三次畅游长江时写下的，表达了毛泽东对中国人民建设祖国和改变山河的豪迈气概，体现出毛泽东对未来美好景象的展望。上阕中"才饮长沙水，又食武昌鱼。"表达出作者从长沙到武昌，一路上非常愉悦的心情，也从侧面烘托出沿途人民的幸福安乐。"万里长江横渡，极目楚天舒"写出长江奔流到海的气势，以及毛泽东横渡长江的游泳的壮举。"极目"，用尽目力望去，表示望得远。"楚天"，武昌一带是战国时代楚国的地方。一个"舒"字，既写那里的天地空阔，一望无际，感到舒畅；也写出在大江游泳的舒适，这里表现出作者高超的游泳技能和对长江的亲近喜爱之情。

评析

长江作为中国最长、流域面积最广的河流，承载了丰富的历史文化，也是中国经济发展的重要支撑。从水环境的视角来看，长江之所以伟大，在于其丰富的生态资源、重要的水资源供应功能、重要的生态服务功能以及承载的丰厚的历史文化传统，同时也在于社会各界对其生态环境保护的努力和付出。保护长江水环境，不仅关乎流域内地区的生态安全和经济发展，也关乎中国乃至世界的生态平衡与可持续发展。2020年12月26日第十三届全国人民代表大会常务委员会第二十四次会议通过《中华人民共和国长江保护法》，明确提出长江流域经济社会发展，应当坚持生态优先、绿色发展，共抓大保护、不搞大开发；长江保护应当坚持统筹协调、科学规划、创新驱动、系统治理。"人民保护长江、长江造福人民"，长江的保护与发展，要共抓大保护、不搞大开发；要增强爱护长江、保护长江的意识，实现良性循环。

保护江河湖泊，事关人民群众福祉，事关中华民族长远发展

原文

保护江河湖泊，事关人民群众福祉，事关中华民族长远发展。全面推行河长制，目的是贯彻新发展理念，以保护水资源、防治水污染、改善水环境、修复水生态为主要任务，构建责任明确、协调有序、监管严格、保护有力的河湖管理保护机制，为维护河湖健康生命、实现河湖功能永续利用提供制度保障。要加强对河长的绩效考核和责任追究，对造成生态环境损害的，严格按照有关规定追究责任。

——《习近平主持召开中央全面深化改革领导小组第二十八次会议强调 坚决贯彻全面深化改革决策部署 以自我革命精神推进改革》，《人民日报》，2016年10月12日

释文

江河湖泊是地球的血脉，哺育生命、支撑发展、承载文

明。习近平总书记对祖国的大江大河一直牵挂于心,足迹遍及大江南北、大河上下,行之所至,察看甚广,亲自谋划、亲自部署、亲自推动全面推行河湖长制重大改革,确立了国家"江河战略"。2016年10月11日,习近平总书记主持召开中央全面深化改革领导小组第二十八次会议,审议通过《关于全面推行河长制的意见》;2017年11月20日,十九届中央全面深化改革领导小组第一次会议审议通过《关于在湖泊实施湖长制的指导意见》;2016年11月28日、2017年12月26日,中办、国办先后印发《关于全面推行河长制的意见》《关于在湖泊实施湖长制的指导意见》,开启了河湖保护治理领域的一场历史性变革。习近平总书记在2017年新年贺词中庄严宣告:"每条河流要有'河长'了!"河长制全面推行以来,我国的江河湖库面貌实现历史性改善,重回"颜值巅峰",增进百姓福祉,助力民族复兴。

评析

河湖长制是一种中国特色的水环境治理和保护机制,通过设立河湖长,建立起一套由政府、企业、社会组织和居民共同参与的河湖管理体系。一要多方参与,形成合力。河长制强调政府、企业、社会组织和居民的共同参与,形成了多方合作、协同治理的局面。这提示我们,在水环境治理和保护中，需要各方通力合作，形成合力，才能取得更好的效果。二要责任明确，监督到位。每一条河流都有专门的河长负责，他们的责任范围清晰明确。这使得治理过程更加高效，同时也更容易实施监督和问责。这启示我们，在治理水环境时，需要明确责任、加强监督，确保责任落实到位。三要注重长期治理，持续改善。河长制不仅仅是一时的举措，更是一个长期的治理机制，要求持续改善水环境质量。这提醒我们，水环境治理是一个长期的过程，需要持之以恒，不能一蹴而就。四要信息透明，公众参与。河长制通过公开信息、接受监督，使公众能够更加了解河流的情况，并参与到治理过程中来。这提示我们，在水环境治理和保护中，需要注重信息透明，积极吸纳公众的意见和建议。

天更蓝、山更绿、
水更清、环境更优美

原文

我们要以更大的力度、更实的措施推进生态文明建设，加快形成绿色生产方式和生活方式，着力解决突出环境问题，使我们的国家天更蓝、山更绿、水更清、环境更优美，让绿水青山就是金山银山的理念在祖国大地上更加充分地展示出来。

——习近平：《在第十三届全国人民代表大会第一次会议上的讲话》，《求是》，2020年第10期

释文

生态文明建设是关系中华民族永续发展的根本大计，良好生态环境是最普惠的民生福祉。新时代以来，以习近平同志为核心的党中央坚定不移贯彻新发展理念，从水、大气、土壤等污染防治入手，全面打响蓝天、碧水、净土三大

保卫战，推动经济社会发展绿色化、低碳化，使"绿水青山就是金山银山"的理念深入人心，绿色低碳的生产方式和生活方式蔚然成风。站在人与自然和谐共生的高度谋划发展，是实现我国高质量发展、全面深入推进生态文明建设的战略要求。"天更蓝、山更绿、水更清、环境更优美"的背后，是发展理念、发展方式的绿色升级。蔚蓝的天空，洁白的云朵，灿烂的阳光，清新的空气，茂密的树林，清澈的河水……这是每个人都向往的生活环境，中国式现代化的应有之义。

评析

以习近平生态文明思想为指引，要实现"天更蓝、山更绿、水更清、环境更优美"的目标，就要树立人与自然和谐共生的理念，注重生态环境尤其是水环境的保护和改善。一是坚持人与自然和谐共生。习近平总书记高度重视生态文明建设，认为人类与自然应该和谐相处，实现持续发展。这句话体现了对这一理念的践行，即改善环境质量不仅仅是为了人类自身的利益，也是为了生态系统的平衡与健康。二是生态优先、保护为主。这句话强调了保护环境的重要性。习近平生态文明思想倡导保护为主，即在经济发展的同时，必须优先考虑生态环境的保护，确保资源的可持续利用。三是系统治理、多方参与。习近平生态文明思想强调了系统治理，要求各级政府、企业、公众等多方参与环境保护工作。这句话所表达的目标需要全社会的共同努力，需要政府制定政策、加强监管，需要企业加强环保投入，需要公众增强环境意识，共同推动环境治理和改善。四是科技创新、绿色技术应用。要使天更蓝、山更绿、水更清、环境更优美，就需要不断推进科技创新，发展绿色技术，提高资源利用效率，减少环境污染排放。我们要像对待生命一样对待生态环境，为中华民族永续发展留下根基，为子孙后代留下天蓝、地绿、水清的美好家园。

让群众望得见山、看得见水、记得住乡愁

原文

在整个发展过程中，我们都要坚持节约优先、保护优先、自然恢复为主的方针，不能只讲索取不讲投入，不能只讲发展不讲保护，不能只讲利用不讲修复，要像保护眼睛一样保护生态环境，像对待生命一样对待生态环境，多谋打基础、利长远的善事，多干保护自然、修复生态的实事，多做治山理水、显山露水的好事，让群众望得见山、看得见水、记得住乡愁，让自然生态美景永驻人间，还自然以宁静、和谐、美丽。

——习近平：《推动我国生态文明建设迈上新台阶》，《求是》，2019 年第 3 期

释文

"让群众望得见山、看得见水、记得住乡愁"意思是，

在美丽的乡村里，环境好，无污染，有青山绿水，让人们记得住美丽的家乡，时常念起家乡，有着浓浓的乡愁。"让群众望得见山"强调了保护自然山水景观的重要性。山脉是自然风光的一部分，也是水资源的重要来源，而可见的山脉意味着环境的良好和自然生态的完整。因此，保护山脉不仅仅是保护自然环境，也是保护水资源的重要一环。"看得见水"强调了对水资源的保护和治理。水是生命之源，也是人类生活不可或缺的资源。让群众看得见水，意味着水体清澈透明，没有受到污染，能够满足人们的生活需求。这需要加强水资源的管理和保护，防止水体污染，保障水资源的可持续利用。"记得住乡愁"强调了乡村环境的整体性保护。

评析

俗话说，有山有水才是好风光。当我们站在一处望去，远处是连绵起伏的山峦，近处是潺潺的流水，而心中则充满了对家乡的深深眷恋，这是一幅多么和谐美丽的图景啊。习近平总书记提出"让群众望得见山、看得见水、记得住乡愁"，对我们全面推进美丽乡村、美丽中国和生态文明建设具有重要的指导意义。一是生态环境保护是美丽中国建设的核心。让群众望得见山、看得见水，强调了对自然环境的重视和保护。美丽中国建设需要注重生态环境的保护和修复，保护自然山水，维护生态平衡，是实现美丽中国目标的关键。二是注重乡村环境的整体性保护。这一理念不仅关注乡村的山水自然环境，而且强调山、水、人、地、景的统一与和谐，要注重乡村水系、水利遗产等历史文化遗存，通过保护乡村自然环境和历史文化遗存，传承乡村文化，让人们在回乡时能够感受到乡愁，这是留住美丽乡愁、建设美丽乡村的重要途径。三是全民参与、共建共享。建设人与自然和谐共生的美丽家园，社会各方面都要积极参与，共商大保护、大治理，共聚守护"母亲河"、共建绿水青山工作合力。四是可持续发展，生态优先。美丽中国建设不能以牺牲生态环境为代价。在建设过程中，要充分考虑生态系统的稳定性和可持续性，通过生态保护和修复，实现经济发展与生态环境的良性互动。五是科技创新，绿色技术应用。美丽中国建设需要依靠科技创新，推广绿色技术。通过科技手段，提高资源利用效率，减少环境污染排放，实现经济发展与环境保护的双赢。

持续打好蓝天、碧水、净土保卫战

原文

现在,人民群众对生态环境质量的期望值更高,对生态环境问题的容忍度更低。要集中攻克老百姓身边的突出生态环境问题,让老百姓实实在在感受到生态环境质量改善。要坚持精准治污、科学治污、依法治污,保持力度、延伸深度、拓宽广度,持续打好蓝天、碧水、净土保卫战。

——习近平:《努力建设人与自然和谐共生的现代化》,《求是》,2022 年第 11 期

释文

习近平总书记提出"持续打好蓝天、碧水、净土保卫战",表明深入推进环境污染防治,持续改善生态环境质量的必要性和紧迫性。"蓝天"代表着清新的空气和良好的大气环境。在水环境的角度,蓝天也意味着大气中的污染物排放得到控制,不会对水体产生二次污染。通过控制工业排

放、推广清洁能源、优化交通管理等措施，可以改善大气环境质量，保障水体的健康。"碧水"代表清澈透明的水质，是水体健康的象征。通过加强水污染治理、保护水源地、加强水资源管理等措施，可以改善水体质量，使水更加清澈，保障人民饮水安全和生态环境健康。"净土"代表肥沃的土壤和洁净的环境。水环境的保护不仅仅是保护水体本身，也包括保护土壤，防止土壤流失和污染，保障土壤的肥沃和生态系统的健康。通过加强土壤保护、推广可持续农业等措施，可以实现净化土壤、保护生态环境的目标。

评析

2018年，中共中央、国务院印发《关于全面加强生态环境保护 坚决打好污染防治攻坚战的意见》（以下简称《意见》），提出坚决打赢蓝天保卫战、着力打好碧水保卫战、扎实推进净土保卫战。《意见》明确提出深入打好污染防治攻坚战的主要目标：到2025年，生态环境持续改善，主要污染物排放总量持续下降，重污染天气、城市黑臭水体基本消除，土壤污染风险得到有效管控，固体废物和新污染物治理能力明显增强，生态系统质量和稳定性持续提升，生态环境治理体系更加完善，生态文明建设实现新进步；到2035年，广泛形成绿色生产生活方式，碳排放达峰后稳中有降，生态环境根本好转，美丽中国建设目标基本实现。其中，"打好碧水保卫战"启示我们要全面加强水环境治理，加强法律法规建设和监管力度，推动科技创新应用，加强跨部门、跨区域合作，提升公众环保意识，注重长期性与可持续性。

第二篇
水生态

　　水是生命的摇篮,是万物生长的源泉。它滋养着每一寸土地,孕育出丰富多彩的生态系统,支撑着人类文明的繁荣发展。水生态,这个微妙而复杂的自然网络,不仅维系着地球上生物多样性的平衡,也是人类社会可持续发展的基石。水生态是指环境水因子对生物的影响和生物对各种水分条件的适应,包括淡水生态和海洋生态。然而,随着工业化和城市化的快速发展,水生态系统面临着前所未有的挑战,河流干涸、湖泊萎缩、湿地消失,水生生物的栖息地遭到破坏,生物多样性受到威胁。这一切都向我们敲响了警钟:保护水

生态，已刻不容缓。本篇旨在深入探讨古今名人尤其是习近平总书记关于水生态的经典名言佳句，评析这些名言佳句对当代水生态理论和实践的启示，展望水生态文明建设的未来方向。通过科学的认知、合理的规划和共同的努力，我们相信，能够为子孙后代守护好这份珍贵的水生态文明遗产，构建一个人与自然和谐共生的美好世界。让我们携手同行，为了水生态的健康，为了地球的未来，为了每一个人的美好生活，贡献出自己的一份力量。

海不辞水，故能成其大

原文

海不辞水，故能成其大；山不辞土石，故能成其高；明主不厌人，故能成其众；士不厌学，故能成其圣。

——[春秋]管仲《管子·形势解》

释文

《管子·形势解》主要探讨了形势与策略的关系，强调了在战争和政治斗争中正确判断形势、灵活运用策略的重要性。管仲围绕"君主"展开解说，思想深刻而又体现出平和持中的兼容并蓄特点，形成了较为系统且具有特色的治国理念。"海不辞水，故能成其大"意思是说："大海从来都不会拒绝各种各样的水，所以才能成就它的博大；大山从来都不会拒绝任何的土石，所以才能成就它的高峻。"常用来比喻"贤明的君主不嫌弃百姓，所以能够聚集众多的臣民"。管仲通过大海和高山为喻，表达"明主不厌人，故能成其众"的主旨,说明君主应该胸怀宽广,广揽人才,始终保持虚怀若谷的态度。

评析

"海不辞水,故能成其大"不仅适用于海洋,也适用于所有的水体,包括河流、湖泊和地下水。水作为生命之源,对于地球上的所有生命都至关重要,它的存在和稳定性影响着整个生态系统的运行和人类的生活。

首先,水与其他生命物体的关系是密不可分的。水是地球上生物体最基本的构成要素之一,维持着生物体的生命活动。水与生物之间形成了错综复杂的生态链,这种相互依存的关系构成了水生态系统的基础,也是地球生命运行的基石之一。

其次,水在人们生活中的作用不可忽视。水是人类生活的必需品,它不仅用于饮水、农业灌溉和工业生产,还承载着人类的文化、历史和情感。古往今来,人类文明始终与水紧密相连,许多文化都诞生于水边,河流和湖泊成为人类文明的摇篮。同时,水也是人类活动的重要载体,河流和海洋承载着人类的贸易和交通,水资源的利用和管理直接关系着人类的生存和发展。同时,从国家发展的角度来看,这句话启示我们,一个国家要强大,就必须包容并蓄,借鉴学习其他国家的优点。正如大海之所以浩瀚,是因为不拒绝任何河流的汇入,一个国家也要有宽广的胸怀、博大的情怀,才能形成自己独特的优势,实现持续发展。

"海不辞水,故能成其大",告诉我们要珍惜水资源,保护水生态系统,才能实现可持续发展和人类社会的长远利益。水是生命之源,只有在人水和谐共生的基础上,人类才能实现自身的发展和繁荣。

高毋近旱，而水用足；
下毋近水，而沟防省

原文

凡立国都，非於大山之下，必於广川之上。高毋近旱，而水用足；下毋近水，而沟防省。因天材，就地利；故城郭不必中规矩，道路不必中准绳。

——[春秋]管仲《管子·乘马》

释文

这段话出自古代的经典著作，主要讲述了建立国都选址的原则。其核心思想是根据自然条件和地理环境来选择合适的地点，以达到最佳的效果。"凡立国都，非於大山之下，必於广川之上"表明，选择国都的地点，要么在大山的脚下，要么在宽广的河流之上。这两种地点都有其独特的优势，大山脚下地势稳固，可以提供天然的屏障和保护，广川之上则水源丰富，交通便利，有利于城市的发展和居民的生活。"高毋近旱,而水用足;下毋近水,而沟防省"这句话进一步阐述了选址的具体要求。如果选择在高处建立国都,那么要确保这个地方不会过于干旱,以保证有足够的水源供城市使用;如果选择在低洼地带,那么要避免过于接近水面,以减少防洪和排水的困难,节省沟防的建设成本。"因天材,就地利"这句话强调了要充分利用自然条件和地理环境来建设国都。"天材"指的是自然赋予的资源,如山水、土壤等;"地利"则是指地理位置的优势,如交通便利、地势险要等。在建设国都时,要充分考虑这些因素,做到因地制宜,以达到最佳的效果。

评析

这段话是古代中国关于城市建设和地理选址的智慧总结。它强调在选择国都或城市位置时,应该考虑自然条件和地理优势。首先,城市建设应选择在水源充足且不易受旱灾影响的地方,同时也要避免地势过低而频繁遭受水患。这体现了古代城市规划中对自然环境的重视,现代城市规划同样需要考虑地形、气候、水生态等自然条件。其次,城市选址应考虑防灾需求,如防洪、防旱等,这与现代城市防灾规划的理念相吻合,即通过合理规划,减少自然灾害对城市的影响。再次,当代城市建设应充分利用当地地形、水源等自然资源，这与习近平生态文明思想相一致。城市不仅是经济活动的中心，也是战略要地。古代国家在选择都城时，会考虑经济和军事战略的需要，现代城市发展也需要平衡经济利益和战略安全。城市建设不应过度破坏自然环境，而应尊重自然、顺应自然、保护自然，坚持人与自然和谐共生。总之，在现代城市规划和建设中，城市规划者和决策者可以从这些古代智慧中汲取灵感，结合现代科技和管理手段，注重山水生态环境的可持续利用，打造更加宜居、可持续的城市环境。

知者乐水，仁者乐山

原文

子曰："知者乐水，仁者乐山。知者动，仁者静。知者乐，仁者寿。"

——[春秋]孔子《论语·雍也》

释文

孔子（前551—前479），名丘，字仲尼，春秋时期鲁国陬邑（今山东省曲阜市）人。中国古代思想家、政治家、教育家，儒家学派创始人。孔子创立的儒家学说精华是中华优秀传统文化的重要组成部分。《论语》是孔子的弟子及再传弟子记录孔子及其弟子言行而编成的语录文集，成书于战国前期。《论语·雍也》是《论语》中的一个章节。此句中的"知"通"智"。意思是：聪明的人爱好水，有仁心的人爱好山。聪明人通达事理，反应敏捷，思维活跃，顺势而为，随机应变，智者天性容易亲近水并以水为乐。仁厚的人安于义理，仁慈宽厚，不易冲动，平和安静，心怀仁德，像山般沉稳，仁者天性自然亲近山，恬静自安而得以沉稳坚毅。

在孔子的时代，社会正处于动荡不安的春秋时期，各诸侯国之间战争频发，社会秩序混乱。在这样的背景下，孔子提出了他的伦理道德观念，希望人们能够追求内心的平和与社会的和谐。当孔子说"知者乐水，仁者乐山"时，他实际上是在强调两种不同的理想人格特质。水象征着灵活变通和流动不居，而山则象征着稳定和坚固。在孔子的思想中，智者应当能够像水一样适应社会的变化，以其智慧去解决实际问题，因此智者是活跃的、动态的，能够在现实中找到乐趣。仁者则应当像山一样坚定不移，以其恒定的道德品质去影响他人，成为社会的支柱，因此仁者是静态的、稳定的，能够在宁静中寻得沉稳坚毅。

评析

"知者乐水，仁者乐山"互文见义，仁爱而有智慧的人从自然山水中看到自己的天性和追求，乃至看到自己精神的映照，所以人见山水而欣悦。君子常常比德于山水，进而移情于山水，徜徉于山水，最终达到天地人合一、道法自然的境界，从而可以想见绿水青山对人的修养的重要性。水的正面特质包括灵活变通、流动不居、能够适应各种容器和环境。在现代社会，这些特质是非常宝贵的。它们鼓励我们具备适应变化的能力，保持开放的心态，以及在面对挑战时能够灵活应对。在职业生涯、人际关系和个人成长等方面，这些特质都是成功的关键。水的反面特质也可能带来一些问题，例如，水的流动性和适应性可能会使一些人变得过于随波逐流，缺乏原则和立场。在追求个人目标时，如果过分适应环境，可能会导致失去自我，无法坚持自己的信念和价值观。此外，水的流动也可能象征着不稳定和不可预测性，这在现代社会可能会导致人们对未来感到焦虑和不安。因此，我们应当在保持灵活性和适应性的同时，还要像山一样沉稳坚毅，确立自己的原则和目标，保持内心的坚定和稳定。我们需要在变化中寻找平衡，既要能够适应环境，又要坚持自己的道德准则和长远规划。这样，我们才能在现代社会中游刃有余，既不被变化所淹没，也不失去自我和方向。

土敝则草木不长，
水烦则鱼鳖不大

原文

土敝则草木不长，水烦则鱼鳖不大，气衰则生物不遂，世乱则礼慝[tè]而乐淫。是故其声哀而不庄，乐而不安，慢易以犯节，流湎以忘本。

——[战国]公孙尼子《礼记·乐记》

释文

公孙尼子（生卒年不详），战国初期音乐理论家。相传是儒家学派的创始人孔丘的再传弟子。《礼记·乐记》是儒家经典之一，据郭沫若先生考证是公孙尼子的作品。"土敝则草木不长"意思是，如果土壤贫瘠或受到损害，那么生长在其上的草木就会受到影响，难以茁壮成长。这里的"土"可以比喻为国家的治理环境，包括政治制度、经济政策、社会风尚等。如果国家治理者不能营造一个良好的治理环境，那么人民的生活就会受到严重影响,社会也难以发展。"水烦则鱼鳖不大"则是说,如果水质受到污染或变得不适宜,那么生活在其中的鱼类和其他水生生物就会受到影响,无法健康成长。水是鱼类生存的环境,它的质量直接关系到鱼类的生长和繁衍。如果水质恶化,鱼类就会面临生存危机,难以达到应有的生长状态。在治国的语境中,可以理解为如果君王治理国家时过于严苛或纷扰,导致民心不稳、社会动荡,那么人民就像水中的鱼鳖一样无法健康成长。这里的"水"可以比喻为国家的安定和谐氛围。如果君王不能保持国家的安定和谐,那么人民就会生活在恐惧和不安之中,难以安心发展。

评析

这段话通过描述土壤和水质对生物生长的影响,强调了环境保护的重要性。它提醒我们要关注自然环境的健康状况,积极采取措施保护和改善环境,为生物提供良好的生存条件,实现人与自然的和谐共生,也强调了国家治理者在治国理政中要始终坚持以民为本、不断改善生存环境。这段话提醒我们要特别重视水土生态保护工作。在快速发展的现代社会中,水土环境污染、资源过度开发等问题日益严重,这些问题直接影响生物的生长和繁衍,甚至威胁人类的生存和发展。因此，我们应该积极采取措施，保护环境，改善环境质量，为生物和人类创造一个健康、和谐的生存环境。另外，还要强调生态平衡的重要性。在生态系统中，每种生物都有其独特的地位和作用，它们的存在和数量都保持着一种相对稳定的平衡状态。如果我们破坏了这种平衡，就会导致生态系统的崩溃，给生物和人类带来灾难性的后果。因此，我们应该注重保持生态系统的平衡，保护生物的多样性，避免水土生态环境的过度开发和严重破坏。

流水不腐，户枢不蠹

原文

流水不腐，户枢不蠹，动也。形气亦然。形不动则精不流，精不流则气郁。

——[战国]吕不韦《吕氏春秋·尽数》

释文

吕不韦主持编纂的《吕氏春秋》，包含八览、六论、十二纪，汇合了先秦诸子各派学说，"兼儒墨，合名法"，史称"杂家"。"流水不腐，户枢不蠹，动也"指流动的水不会腐恶发臭，转动的门轴不会生虫朽烂，这是由于不断运动的缘故。此句"以水喻理"，比喻经常运动的事物不容易受到外物的侵蚀。

评析

在当代，这句话对水生态的启示是显而易见的。水体的流动是保持水质清洁和水生态系统健康的关键因素。流动的水体可以带走污染物,减少有害物质的积累,同时也为水生生物提供了适宜的生存环境。相反,静止的水体容易积累污染物,导致水质恶化,水生态系统受损。从生态保护的角度来看,这句话提醒我们要重视水体的流动性,要保持一个动态的平衡。在城市规划和水利工程中,应考虑保持水体的自然流动,避免因人为干预导致水体停滞,影响整个生态系统的健康。此外,这也启示我们在水生态治理和保护中,要采取动态的、适应性强的策略,以应对环境变化和人类活动的挑战。综上所述,这句话不仅是对自然现象的描述,也是对人类活动的一种警示。它告诉我们,无论是自然界还是人类社会,都需要保持动态的平衡,以维持健康和可持续的发展。换言之,动态平衡的水生态系统是维持水生态系统生命力和防止腐朽的关键,而一潭死水是无法见到生机勃勃的景象的。同样,水生态文明理念和治理制度的变革创新也是推动人类文明向前发展的根本动力,我们必须坚持改革开放信念不动摇,开展跨流域跨国界的水生态合作治理机制建设,守正创新以把握时代脉搏,引领时代潮流,在进一步全面深化改革中化解风险、解决矛盾,走稳、走好、走实绿色高质量发展道路。

竭泽而渔，岂不获得？而明年无鱼

原文

竭泽而渔，岂不获得？而明年无鱼；焚薮而田，岂不获得？而明年无兽。诈伪之道，虽今偷可，后将无复，非长术也。

——[战国]吕不韦《吕氏春秋·义赏》

释文

"竭泽而渔"意味着把池塘里的水抽干来捕鱼，这样当然可以捕到大量的鱼，看似是一个极为高效的捕鱼方法。但接下来的"岂不获得？"则是以反问的形式，表达了对于这种方法的肯定，即短期内确实能够获得大量的鱼。然而，这种方法的后果是"而明年无鱼"，即由于池塘的水被抽干，鱼儿无法生存，明年这个池塘里就不会再有鱼了。这句话警示人们不要为了眼前的短暂利益而过度索取，以致破坏长久的生存基础。

评析

这句话的深层含义在于警示人们，过度的索取和贪婪会破坏我们赖以生存的环境和资源。如果我们只关注眼前的利益，而不顾长远的生存和发展，最终会导致我们自己的毁灭。

（1）可持续发展的重要性。在当今社会，面临着越来越多的环境和资源问题，如全球变暖、水资源短缺、生物多样性丧失等。这些问题都是由于过度索取和破坏环境导致的。因此，必须树立可持续发展的理念，合理利用资源，保护环境。

（2）个人行为的反思。"竭泽而渔"的行为不仅仅存在于宏观社会层面，也存在于每个人的日常生活中。我们是否曾经为了一时的便利而过度使用一次性产品？是否曾经为了省钱而购买低质量、高污染的产品？这些行为虽然看似微不足道，但积少成多，最终也会对环境造成巨大的破坏。因此，我们应该从自身做起，反思自己的行为，尽量选择环保、可持续的生活方式。

（3）企业和政府的责任。除了个人行为之外，企业和政府也应该承担起自己的责任。企业应该以环保和社会责任为己任，研发和生产更加环保、可持续的产品，避免过度开发和破坏环境。政府也应该加强水生态法规的制定和执行，对破坏水生态的行为进行惩罚，同时鼓励和支持环保产业的发展。

（4）水生态文明的教育和宣传是推动可持续发展的重要手段。我们应该加强环保教育，让更多的人了解环境保护的重要性，树立水生态环保意识。同时，媒体也应该加强水生态环保宣传，让更多的人了解水生态环保的紧迫性和必要性，共同推动社会的可持续发展。

水激则旱，矢激则远

原文

水激则旱，矢激则远，精神回薄，振荡相转，迟速有命，必中三五，合散消息，孰识其时？

——[战国]鹖冠子《鹖冠子·世兵》

释文

《鹖冠子》是战国时期出版的一本先秦典籍，作者是鹖冠子（生卒年不详），巴国·賨人，战国时期留于楚国，著名思想家、道学家、兵学家。"水激则旱，矢激则远"指的是水在受到强烈冲击时会变得更加湍急，箭在受到力的推动时会飞得更远，表达了事物在逆境中往往能够爆发出更大潜能的哲理。"精神回薄，振荡相转"指的是自然界中的生命力在受到阻碍时会产生强烈的反弹，描绘了自然界中事物相互作用、相互影响，从而产生变化的过程。"迟速有命，必中三五"指的是事物发展的速度有其固有的规律和命运，暗示人们应该顺应自然规律，把握时机。"合散消息，孰识其时"指的是万物的聚散、生长和消亡都有其时机和规律，但这些时机和规律往往难以被人准确预知和把握。这句话意味着万事万物都在不断变化之中，人的行为和决策也应该根据这些变化进行调整。它们提醒我们，面对生活中的挑战和机遇时，应保持灵活应变的能力，同时也要认识到任何变化都有其内在的规律和节奏，需要我们去理解和把握。

评析

"水激则旱，矢激则远"启示我们，水生态系统在遭受干扰后，可能会产生一系列负面的生态效应，如水质恶化、生物多样性下降、生态服务功能降低等。但如果能够采取科学合理的管理措施和修复技术，不仅能够减轻这些负面影响，还可能增强水生态系统的恢复力和抵抗力，使其在逆境中焕发出新的活力。当前，全球范围内对于水生态系统的保护和修复工作越来越受到重视，许多国家和地区已经开始采取行动，通过立法、规划、科研和公众教育等多种手段，来改善水生态环境，维护水生态安全。例如，建立水生态监测与评价体系，制定水生态保护和修复规划，实施生态补偿机制，开展水生态教育和科普活动等。科学家们也在不断探索和创新水生态系统的治理理论和技术，例如，通过生态模型模拟水生态系统的动态变化，利用遥感和 GIS 技术进行大尺度的水生态监测，采用生态工程技术进行河流和湿地的修复等。总之，"水激则旱，矢激则远"提醒我们，在面对水生态系统的挑战时，应当积极寻求解决方案，通过科学的管理和合理的利用，让水生态系统在逆境中更加强健和可持续。正如水和箭矢在受到冲击后能够展现出更大的力量，我们的水生态系统也有潜力在得到恰当保护和修复后，为地球和人类带来更加丰富的生态福利。

水积而鱼聚,木茂而鸟集

原文

欲致鱼者先通水,欲致鸟者先树木。水积而鱼聚,木茂而鸟集。

——[西汉]刘安《淮南子·说山训》

释文

这句话的意思是,如果想要吸引鱼类,就必须先疏通水源,使水流畅通,形成适宜鱼类生存的环境。如果想要引来鸟类,就需要先种植树木,提供鸟类栖息和觅食的地方。水流畅通,鱼自然会聚集;树木茂盛,鸟类也会前来栖息。这说明生态环境的建设是吸引生物的前提。

评析

这句话蕴含着深刻的自然规律和生态平衡的智慧。首先，要重视水生态的保护和合理利用。在当代社会，随着人口的增长和经济的发展，水生态面临着日益严峻的挑战。过度开发、污染和浪费等问题不断加剧，导致水生态系统受到严重破坏。因此，需要从源头上保护水资源，加强水污染治理，提高水资源利用效率，确保水生态系统的可持续发展。其次，要加强水生态修复和生物多样性保护。对于那些已经受到破坏的水生态系统，需要采取积极有效的措施进行修复，恢复其生态功能。同时，还要关注生物多样性的保护，维护水生态系统中各种生物的生存和繁衍，保持水生态系统的完整性和稳定性。最后，要树立水生态文明的观念。习近平总书记提出要坚持绿色发展理念，推动经济社会全面绿色转型，如京杭大运河、"五水共治"等水生态治理实践都体现了这句话的智慧。这需要在经济发展中注重水生态环境保护，加强水生态文明建设，推动绿色低碳循环发展。同时，还需要加强水环境治理和保护工作，提高水生态环境质量和可持续性。

故鱼乘于水，鸟乘于风，草木乘于时

原文

子思曰：学所以益才也，砺所以致刃也，吾尝幽处而深思，不若学之速；吾尝跂而望，不若登高之博见。故顺风而呼，声不加疾而闻者众；登丘而招，臂不加长而见者远。故鱼乘于水，鸟乘于风，草木乘于时。

——[西汉]刘向《说苑·建本》

释文

这段话的意思是，鱼在水中自由游弋，鸟乘风翱翔天际，草木依时而生，各自利用自然之力生存繁衍。这段话体现了生物对环境的依赖与适应，人类应顺应自然规律，利用环境资源而非破坏，以和谐共生的方式与自然共处，实现可持续发展。这段话充满了对自然法则的敬畏与尊重，深刻揭示了自然界生物与环境的和谐共生之道。

评析

  这段话揭示了万物依赖于其生存环境的自然规律。水生态系统中的生物依赖于水环境而生存，正如鱼依赖于水。这表明了生态系统中生物与环境之间的相互依存关系，强调了维持生态平衡的重要性。水生态系统中的生物多样性是其健康的标志，保护水生生物，如鱼类、水鸟等，对于维持生态系统的功能和稳定性至关重要。生物必须适应环境的变化才能生存，例如，鱼类需要适应水流的变化，水鸟需要适应季节性的气候变化，这启示我们在水生态保护中要考虑生物对环境变化的适应能力，正如鱼、鸟、草木利用生态环境资源一样，人类也应该合理利用水生态，避免过度开发和污染，确保可持续利用。水生态系统提供的服务，如水源供给、气候调节、生物多样性保护等，对人类社会至关重要，这强调了保护水生态系统对于维护人类福祉的价值。对于已经受损的水生态系统，需要采取措施进行恢复和重建，以恢复其生态功能和生物多样性，这需要考虑生态系统的自然恢复力和人工干预的平衡。水生态保护需要生态学、水文学、环境科学、社会学等多个学科的知识和方法，这要求在水生态保护中进行跨学科的合作和综合管理。水生态系统的保护不仅是环境问题，也是社会、经济和文化问题。它要求我们从多角度多学科出发，综合考虑生态、经济和社会因素，采取综合性的管理和保护措施。同时，这也提醒我们要尊重自然规律，顺应自然，与自然和谐共生。

涉浅水者见虾，其颇深者察鱼鳖，其尤甚者观蛟龙

原文

人不博览者，不闻古今，不见事类，不知然否，犹目盲、耳聋、鼻痈者也。儒生不博览，犹为闭暗，况庸人无篇章之业，不知是非，其为闭暗，甚矣！此则土木之人，耳目俱足，无闻见也。涉浅水者见虾，其颇深者察鱼鳖，其尤甚者观蛟龙。足行迹殊，故所见之物异也。……故入道弥深，所见弥大。

——[东汉]王充《论衡·别通》

释文

王充（27—约97），字仲任，会稽上虞（今属浙江省绍兴市）人。东汉时期思想家、文学批评家、唯物主义哲学家，无神论者。《论衡》是一部卓越的哲学著作，其中充满了批判精神和独立思考精神，对自然、社会、道德等多个领

域的问题进行了深入探讨，对当时和后世的哲学、科学、文学等产生了深远的影响。这段话的意思是说，人们涉水的深浅不同，所见的生物也不同。涉水较浅的人只能看到虾，稍微深一点的人可以看到鱼和鳖，而那些涉水最深的人则能够看到蛟龙。这段话比喻了人的认识和理解能力的不同层次。就像涉水一样，人的知识和经验越丰富，对事物的理解就越深刻。浅尝辄止的人只能看到表面现象，而深入探究的人则能够洞察事物的本质。这也提醒我们，要深入学习和实践，才能获得更深层次的理解和认识。

评析

这段话启示我们，水生态系统是非常复杂多样的，对水生态系统的不同研究深度可以揭示出不同层次的生态现象。浅层次的水生态研究只能观察到一些基本的生物种类，深层次的水生态研究则可能发现更为复杂的生态关系和生物多样性。因此，我们在制定水生态保护策略时，需要深入了解水生态系统，包括不同深度和不同生物之间的相互作用。这要求研究人员不仅要关注表层的生物，也要关注深层的生物，以及它们对整个生态系统的影响。在进行水生态恢复时，需要考虑不同层次的生态需求。例如，不仅要恢复表层的生物多样性，还要关注底层生物和微生物群落的恢复，以确保整个生态系统的健康和稳定。另外，可以通过教育人们了解水生态系统的复杂性和重要性，提高人们的水生态文明意识。总之，在水生态研究和治理领域，这段话提醒我们要追求更加深入的理解和更加全面的视角，以实现更有效、更可持续的水生态保护。

纤纤不绝林薄成，涓涓不止江河生

原文

纤纤不绝林薄成，涓涓不止江河生。事之毫髪无谓轻，虑远防微乃不倾。

——[南北朝] 庾信《周五声调曲·征调曲五》

释文

庾信（513—581），字子山，小字兰成。祖籍南阳郡新野县（今河南省南阳市新野县），生于湖北江陵。中国南北朝后期官员、文学家。"纤纤不绝林薄成，涓涓不止江河生"的意思是小草、树苗不断生长慢慢变成森林，溪流慢慢流淌成为江河。寓意只有日积月累植树造林的潜功，才能造就青山叠翠、江山如画的显功。"纤纤不绝林薄成，涓涓不止江河生"描绘了自然界中水与森林的生态循环和持续繁荣的景象。

评析

　　水是生命之源，是所有生物赖以生存的基本资源。而且水不仅是物质资源，还是生态系统的核心命脉。水的流动和循环维持着生态平衡，滋养着各种生物，形成了复杂而精细的生态网络。水孕育了人类，人类也应该以水为根，尊重自然、顺应自然、保护自然。然而，随着工业化和城市化的快速发展，水污染、过度开发和生态破坏等问题日益严重。据报道，我国重点流域水生态环境保护面临的结构性、根源性、趋势性压力尚未根本缓解。为了有效应对这些挑战，我国已经采取了一系列措施。例如，《关于加强新时代水土保持工作的意见》明确提出，要把巩固提升森林、草原生态系统质量和稳定性作为水土流失预防保护的重点。此外，国家也在积极推进美丽河湖保护与建设，通过构建美丽河湖建设指标体系，严格河湖流域重要生态空间管控，指导地方有针对性地实施水环境治理和生态修复。水生态环境保护是一项系统性工程，需要政府、学校、社会、家庭等多主体协同配合，形成一套有制度保障、法律支持、全民参与的运行体系。只有这样，才能真正实现人与自然和谐共生的现代化梦想，为子孙后代留下一个绿色、健康、可持续发展的美好家园。

水利之在天下，犹人之血气然

原文

水利之在天下，犹人之血气然，一息之不通，则四体非复为有矣。

——[明]俞汝为《荒政要览》

释文

俞汝为（1544—1614），字元宣，又字毅夫，直隶松江府华亭县人，是一位有着实干精神的有识之士。其所著《荒政要览》是一部明代时期中央政府为应对各类灾荒而采取的救灾政策的文集，由于水旱、洪水灾害是古代社会最常见的灾难之一，因此，为防止水旱灾害所采取的水利政策成为荒政的重要内容。所谓"荒政"，是指中国古代政府为应对灾荒而采取的一系列赈灾对策和措施。此句反映了《荒政要览》对水利的重要性阐释，意思是说水利对于国家的重要性，正如血气对人的重要性，只要血气不通，那么人体就将不复存在。

评析

这句话以生动的比喻，将水利在国家中的作用与人体中的血气相比较。血气是人体生命的源泉，它流通于全身，为人体各部位提供养分和能量，使人体保持生机和活力。同样，水利建设的作用举足轻重，直接关系到农业生产、经济繁荣和人民生活的安定。"一息之不通，则四体非复为有矣"进一步强调了水利的重要性。如果血气流通不畅，会给人体带来极大的危害。同样，如果水利系统出现问题，可能对国家的农业生产、经济发展和人民生活造成巨大的影响。徐光启在《农政全书》中引用了这句话，提醒人们要高度重视水利建设和管理，确保水利系统的畅通无阻，强调了水利建设对水利系统长期稳定运行的重要性，还详细阐述了水利建设的具体方法和措施。这句话深刻揭示了水利建设和管理对于国家的重要性，同时也为当代社会提供了重要启示。它不仅关乎农田灌溉和居民生活用水，更与国家的经济发展、生态平衡紧密相连。一旦水利设施出现故障或管理不善，可能导致严重后果，直接影响社会稳定与发展。因此，必须高度重视水利建设和管理。首先，要加大对水利设施的投入，确保其稳定运行；其次，要加强水生态治理，实现水生态资源的合理利用和保护；最后，要提高公众的水生态资源保护意识，让每个人都成为水生态资源的守护者。

绿水青山就是金山银山

原文

要坚定不移地走自己的路,有所得有所失。在熊掌与鱼不可兼得的时候,要知道放弃,要知道选择。发展有多种多样,要走可持续发展的道路,绿水青山就是金山银山!

——本书编写组:《干在实处 勇立潮头:
习近平浙江足迹》

释文

2005年8月15日,时任浙江省委书记习近平来到浙江湖州安吉余村,以充满前瞻性的战略眼光首次提出"绿水青山就是金山银山"[1]。这就是著名的"两山"理念[2]。其中,"绿水青山"指的是自然财富,"金山银山"指的是物质财

---

[1] 武卫政,孙秀艳,顾春:《绿水青山就是金山银山》,《人民日报》,2018年4月20日。

[2] 本书编写组:《干在实处 勇立潮头:习近平浙江足迹》,浙江人民出版社、人民出版社,2022年,第281-293页。

富,"绿水青山就是金山银山"理念就是主张实现自然财富和物质财富的协调统筹高质量发展,深刻揭示了生态环境保护与经济社会发展之间的辩证统一关系。

评析

"两山"理念体现了我们党对经济规律、社会规律和自然规律认识的升华,实现了发展和保护问题上的重大理论突破。一方面,发展是解决我国一切问题的基础和关键,生态环境问题是在发展中产生,也必然在发展中解决,通过建立以产业生态化和生态产业化为主体的生态经济体系,可以实现生态环境的经济价值。另一方面,良好生态环境是经济社会可持续发展的基础,也是推进现代化建设的内在要求,通过构建生态文明体系,推动传统产业高端化、智能化、绿色化,加快补齐生态环保等领域短板,提供优质生态产品,可以促进经济高质量发展。必须坚持在发展中保护、在保护中发展,实现经济社会发展与生态环境相协调,使"绿水青山"产生巨大的生态效益、社会效益、经济效益,因此,必须要坚定不移地走生态优先、绿色发展之路,实现生态环境保护与经济社会发展相协调的新发展理念和共富之路。

我们在追求经济社会发展的同时,还需要减少水生态污染,保护水生态资源,才能变"绿水青山"为真正的"金山银山"。在新时代，我们不仅要尽心护美"绿水青山"，还要尽力做大"金山银山"，推动神州大地书写生态文明建设既精彩又宏伟的篇章。

水是生命之源、生产之要、生态之基

原文

水是生命之源、生产之要、生态之基。兴水利、除水害，事关人类生存、经济发展、社会进步，历来是治国安邦的大事。

——《中共中央 国务院关于加快水利改革发展的决定（2010年12月31日）》

释文

水是生命之源、生产之要、生态之基，这是对水在自然界和人类社会中不可替代作用的高度概括。首先，作为生命之源，水是所有生物体生存的基本条件。无论是人类、动物还是植物，都需要水来维持生命活动。水在生物体内参与新陈代谢，是细胞内外环境的主要组成部分，对于维持生物体的正常生理功能至关重要。其次，水也是生产之要。在农业生产中，水是灌溉作物、保证农作物生长的关键要素。没有水，农作物无法生长，粮食产量将大幅下降，进而影响人类的食品安全。同时，在工业生产中，水也是重要的原料和冷却介质，许多工业生产过程都离不开水的参与。最后，水更是生态之基。水生态系统是地球上最重要的生态系统之一，它维持着生物多样性和生态平衡。河流、湖泊、湿地等水体为各种生物提供了栖息地，同时也是水循环的重要组成部分，对于调节气候、保持水土、净化环境等方面都具有不可替代的作用。因此，我们应该深刻认识到水的重要性，珍惜水资源，保护水环境，确保水资源的可持续利用，以支撑人类社会的可持续发展。

评析

"水是生命之源、生产之要、生态之基。"2011年中央一号文件指出，水利是现代农业建设不可或缺的首要条件，是经济社会发展不可替代的基础支撑，是生态环境改善不可分割的保障系统。这是第一次在我们党的重要文件中鲜明提出水利"具有很强的公益性、基础性、战略性"。首次提出"加快水利改革发展，不仅关系到防洪安全、供水安全、粮食安全，而且关系到经济安全、生态安全、国家安全"。中华人民共和国成立以来，特别是改革开放以来，党和国家始终高度重视水利工作,领导人民开展了气壮山河的水利建设,取得了举世瞩目的巨大成就,为经济社会发展、人民安居乐业作出了突出贡献。但必须看到,人多水少、水资源时空分布不均是我国的基本国情水情。洪涝灾害频繁仍然是中华民族的心腹大患,水资源供需矛盾突出仍然是可持续发展的主要瓶颈,农田水利建设滞后仍然是影响农业稳定发展和国家粮食安全的最大硬伤,水利设施薄弱仍然是国家基础设施的明显短板。随着工业化、城镇化深入发展,全球气候变化影响加大,我国水利面临的形势更趋严峻,增强防灾减灾能力要求越来越迫切,强化水资源节约保护工作越来越繁重,加快扭转农业主要"靠天吃饭"局面任务越来越艰巨。近年来极端气候正日益频繁地发生,也一再警示我们,加快水利建设、持续改善水环境刻不容缓。

坚持生态优先、绿色发展，以水而定、量水而行

原文

要坚持绿水青山就是金山银山的理念，坚持生态优先、绿色发展，以水而定、量水而行，因地制宜、分类施策，上下游、干支流、左右岸统筹谋划，共同抓好大保护，协同推进大治理，着力加强生态保护治理、保障黄河长治久安、促进全流域高质量发展、改善人民群众生活、保护传承弘扬黄河文化，让黄河成为造福人民的幸福河。

——《习近平著作选读》（第二卷）

释文

"坚持生态优先、绿色发展"体现了生态文明建设的理念，强调保护生态环境的重要性，以及通过绿色发展实现经济与环境的和谐共生。"以水而定、量水而行，因地制宜、分类施策"提出了治理黄河的具体策略，即根据水生态的实

际情况来制定和实施水生态治理措施,同时要考虑到不同地区江河湖海的不同特点,采取适合当地的治理方法。

评析

"坚持生态优先、绿色发展,以水而定、量水而行"这一理念是中国在推动经济社会发展全面绿色转型的过程中提出的重要指导原则。它强调在发展过程中应优先考虑生态环境保护,坚持绿色、可持续的发展路径。特别是在水生态利用方面,要依据水生态的实际情况来规划和调整生产活动,确保水生态的合理利用和保护。具体如下:

(1)合理分配与利用水生态。通过用水权改革,明确区域水权、取水权、灌溉用水户水权等,推进用水权市场化交易,优化和提高水生态资源的配置利用效率。

(2)保护、修复与治理水生态。统筹水生态治理,推动重要江河湖库生态保护治理,减少污染物排放,保护水生生物多样性,改善江河湖库的水生态质量,基本消除城市黑臭水体,构建健康稳定的水生态系统。

(3)加强水生态基础设施建设。提升环境基础设施建设水平,推进城乡人居环境整治,建设污水处理和垃圾处理设施,减少对水环境的影响。

(4)提升公众参与水生态保护的意识。通过教育和宣传，提高公众对水生态保护的意识，鼓励公众参与水生态保护活动，形成全社会共同保护水生态环境的良好氛围。

（5）完善水生态方面的法律法规和政策支持。不断健全和完善水生态相关法律法规和政策措施，强化水生态管理和保护，确保绿色发展理念得到有效实施。

通过这些措施，旨在实现水生态的可持续利用，保障水生态安全，促进人与自然和谐共生，为建设美丽中国提供坚实的水生态屏障。

水是生存之本、文明之源

原文

习近平总书记指出:"水是生存之本、文明之源。""要坚决落实以水定城、以水定地、以水定人、以水定产,走好水安全有效保障、水资源高效利用、水生态明显改善的集约节约发展之路。"

——《治水兴水 利在千秋》,《人民日报》,
2022 年 6 月 9 日

释文

水是生命的基础,所有生物的生存都离不开水。人类的身体需要水来维持各项生理功能,缺水会导致严重的健康问题。水是农业生产的关键要素,灌溉和水资源管理直接影响粮食的生产和供应。没有足够的水源,农作物无法生长,进而影响整个社会的稳定与发展。水生态的合理利用促进了人类文明的发展,古代中国、美索不达米亚、古埃及等文明往往依赖于河流而兴起,水系为人类提供了交通、贸易和沟通的便利条件。水不仅是物质的基础,也承载着丰富的文化和精神内涵。在许多文化中,水象征着生命、纯洁和智慧,体现了人与自然的和谐关系。综上所述,水在生态系统和人类社会中都扮演着不可或缺的角色,保护和合理利用水生态是可持续发展的重要前提。

评析

"水是生存之本、文明之源"强调了水在自然和人类社会中的极端重要性,对于水生态保护有着重要的启示和指导意义。随着全球人口增长和经济发展,水生态的需求不断上升。这要求我们必须采取有效措施,确保水生态的可持续利用,避免过度开发和污染。水不仅是生命之源,也是生态系统中不可或缺的组成部分。保护水生态,维护水体的自然净化能力和生物多样性,对于维护地球生态平衡至关重要。气候变化导致的极端天气事件,如干旱和洪水,对水生态保护提出了新的挑战。需要加强水生态的适应性管理,提高应对气候变化的能力。许多河流和湖泊都是跨国界的,水生态的合理分配和保护还需要跨国界的合作,这要求相关国家和地区之间建立合作机制,共同管理和保护跨境水生态。推动绿色经济和循环经济的发展,提高水生态资源的循环利用率。

提高公众对水生态重要性的认识，鼓励公众参与水生态保护和节水行动。随着时间的推移，人类对水生态的认识和管理方式也在不断进步。古代文明往往依水而建，水生态直接影响到文明的兴衰，随着科学技术的发展和环保意识的提高，人们更加意识到水生态保护对于保障人类福祉和地球生态健康的重要性。因此，这一理念不仅是对历史的总结，更是对未来的指引，提醒我们在发展经济的同时，必须保护好生存之本和文明之源。保护黄河、长江、大运河和湿地等水系的一系列重大举措正在实践这种理念。

山水林田湖草沙是一个生命共同体

原文

习近平总书记强调,要统筹山水林田湖草沙系统治理,实施好生态保护修复工程,加大生态系统保护力度,提升生态系统稳定性和可持续性。

——《国土增绿 山河添彩》,《人民日报》,
2022 年 6 月 2 日

释文

"田"代表农业生产,"水"则是农业的命脉。无论是种植粮食还是养殖牲畜,水资源都是不可或缺的。水资源的短缺或污染不仅直接影响农作物的生长,还破坏整个农业生态系统,进而威胁人类的食物供应和生存基础。"山"在这里象征着自然生态系统的稳定性和多样性。山地生态系统不仅是众多生物的栖息地,还在调节气候、水循环等方面发挥重要作用。"土"代表土壤、土堆、土块,是"山"的命脉和基础。"林"代表林木,"草"代表植被,林木和植被的生长对于防止水土流失、保持生态平衡至关重要。"沙"代表沙漠生态系统,包括沙漠、沙地、戈壁等,虽然环境条件恶劣,但仍有其独特的生物多样性和生态功能。"人"则是生态系统的关键,人的活动可以对自然生态产生积极或消极的影响。通过合理的管理和保护措施,人类可以促进生态系统的可持续发展。

评析

建设生态文明是中华民族永续发展的千年大计。必须树立和践行"绿水青山就是金山银山"的理念,坚持节约资源和保护环境的基本国策,像对待生命一样对待生态环境,统筹山水林田湖草沙系统治理,实行最严格的生态环境保护制度,形成绿色发展方式和生活方式,坚定走生产发展、生活富裕、生态良好的文明发展道路,建设美丽中国,为人民创造良好生产生活环境,为全球生态安全作出贡献。山水林田湖草沙是一个生命共同体,生态是统一的自然系统,是相互依存、紧密联系的有机链条。人的命脉在田,田的命脉在水,水的命脉在山,山的命脉在土,土的命脉在林和草,这个生命共同体是人类生存发展的物质基础。山水林田湖草沙作为一个生态环境保护与修复的整体概念,它强调的是自然生态系统内部各要素之间的相互联系和相互作用。这一概念体现了我国对于生态环境保护和修复工作的系统性和整体性要求。高质量推进绿色低碳发展，必须尊重自然规律，注重生态环境尤其是水生态环境的保护。现代社会面临着资源枯竭、环境污染和生态退化等问题，贯彻新发展理念，走绿色发展道路，既是对自然的尊重，也是对未来的责任。绿色可持续发展要求我们在经济发展过程中，兼顾水环境保护和自然资源的合理利用。通过推广清洁能源、提高资源利用效率、减少污染排放等措施，可以实现经济增长与水生态保护的双赢。

要想国泰民安、岁稔年丰，必须善于治水

原文

习近平总书记指出："在我们五千多年中华文明史中，一些地方几度繁华、几度衰落。历史上很多兴和衰都是连着发生的。要想国泰民安、岁稔年丰，必须善于治水。"

——水利部编写组：《深入学习贯彻习近平关于治水的重要论述》

释文

首先，"国泰民安"是指国家稳定、民众安宁，这是每个国家和民族所追求的理想状态。而要实现这一目标，必须重视并善于治水。因为水患往往会给国家和人民带来极大的灾难和损失，影响社会稳定和经济发展。其次，"岁稔年丰"是指年年丰收、五谷丰登，这也是治水工作的重要目标之一。有效的治水措施可以保障农业生产的顺利进行，提高粮

食产量和质量,从而为人民提供充足的食物和物资,促进经济的繁荣和发展。因此,治水工作是关系国家和民族生死存亡的大事,必须高度重视并采取有效措施加以解决。

评析

这一论断深刻揭示了治水对于国家长治久安和社会稳定发展的重要性。治水历来是中华民族发展的重要组成部分,对于国泰民安、岁稔年丰具有决定性的意义。治水不仅关乎防洪减灾,确保人民生命财产安全,还涉及水生态的合理开发与利用,对促进农业发展、保障粮食安全、推动区域协调发展等都具有基础性和战略性作用。例如,南水北调工程作为优化我国水资源配置的重大战略性基础设施,已经累计调水650多亿立方米,成为沿线40多座大中城市280多个县(市、区)的重要水源,直接受益人口超过1.76亿人。此外,善于治水需要我们坚持人与自然和谐共生的原则,需要加强对水生态的规划、协调、监管等能力,需要政府和人民付出持久的努力和投入,需要通过科学创新和技术支持来完善水生态治理体系。水利大计,立足永续发展,着眼破解瓶颈,努力把治水兴水这件打基础利长远的大事要事办好、办实、办出成效,以"水"为笔绘就安全、健康、优美的生态画卷。新征程上,我们坚持以习近平生态文明思想为指引，踔厉奋发、笃行不怠，治水兴水，绘就人水和谐的斑斓画卷，为中华民族永续发展提供更加坚实的水利支撑。在新时代背景下，治水工作更加注重水生态的综合治理、系统治理、源头治理、依法治理。综上所述，治水是实现国泰民安、岁稔年丰的重要基础，需要我们继续弘扬中华民族的治水精神，坚持科学治水、依法治水、全民治水，为实现中华民族永续发展和人水和谐的美丽中国而不懈努力。

统筹水资源、水环境、水生态治理

原文

统筹水资源、水环境、水生态治理,深入推进长江、黄河等大江大河和重要湖泊保护治理。

——习近平:《以美丽中国建设全面推进人与自然和谐共生的现代化》,《求是》,2024年第1期

释文

这句话是对水资源、水环境、水生态治理进行统筹和推动的重要观点,表达的是在生态环境治理中的重要战略意义。要重视水资源的合理分配和使用,保护水资源,避免浪费和污染;要注重水体的环境保护,保持水体的清洁,防止水体污染和生态破坏;要强调维护水生态系统的平衡,保护生物多样性,防止水生态系统退化。通过对水资源、水环境、水生态的统筹和治理,推动重要江河湖库的生态保护和治理工作,以实现水生态环境的可持续发展。

评析

水,是万物之本源,是事关国计民生的基础性自然资源和战略性经济资源。人多水少、水资源时空分布不均是我国的基本水情。不仅如此,近年来,我国水体污染日益严重,全国每年排放污水高达360亿吨,未经处理的污水直接排入江河湖海,致使水质严重恶化,清江变浊,浊水变臭,鱼虾绝迹,令人触目惊心。86%的城市河流受到了不同程度的污染,水体污染造成巨大的经济损失。人类依水而居,文明因水而兴。治理水污染、保护水环境,关系人民福祉,关系国家未来,关系中华民族永续发展。党的十八大以来,以习近平同志为核心的党中央把水生态环境保护摆在生态文明建设的重要位置,把解决突出水生态环境问题作为民生优先领域,把打好碧水保卫战列为污染防治攻坚战的三大保卫战之一。处理好人与水之间的关系,是正确处理人与自然关系的重要内容。为了解决人水关系这一问题,党中央、国务院高度重视治水工作,特别强调要治理好水污染、保护好水生态,全面统筹水生态的污染防治与生态保护,努力达到水生态系统治理的最佳效果。同时还要做到遵循水生态治理体系和治理能力现代化的客观规律,抓住主要矛盾和矛盾的主要方面,因地制宜、科学施策,落实最严格制度,加强全过程监管,提高水污染治理的针对性、科学性、有效性。

尽最大努力保持湿地生态和水环境

原文

"要坚定不移把保护摆在第一位,尽最大努力保持湿地生态和水环境。"习近平总书记这样强调,为湿地保护事业指明方向。

——《第一观察 | 人与自然和谐共生,总书记这样强调湿地保护》,《半月谈》,2023 年第 297 期

释文

这段话具有重要的现实意义和深远的战略价值,体现了对湿地保护工作的高度重视和明确指导方向,对湿地保护事业的发展具有重要的指导意义和实践价值,湿地保护事业需要全社会的责任担当和长期坚持,才能真正实现湿地的有效保护和合理利用,为人类和地球的可持续发展作出贡献。2月2日是世界湿地日,2023年的主题是"湿地修复"。随着我国生态文明建设步伐的加快,湿地调节气候、维护生物多

样性等重要生态功能进一步凸显。多年来,习近平总书记心系湿地保护,考察调研足迹遍布多个重要湿地生态区。"要坚定不移把保护摆在第一位",有助于维护湿地生态系统的稳定性和完整性,防止湿地退化和生态失衡,这要求必须"尽最大努力保持湿地生态和水环境"。

评析

湿地是众多生物的栖息地和繁殖地,具有丰富的生物多样性。通过把保护摆在第一位,可以有效保护湿地中的动植物资源,防止物种灭绝和生物多样性的减少。例如,西溪国家湿地公园通过持续加强湿地保护修复,成为东方白鹳、白尾海雕等20多种国家一级和二级重点保护野生动物的栖息地,这不仅保护了这些珍稀物种,也为生物多样性研究和生态旅游提供了宝贵的资源。不仅如此,湿地保护还与经济社会发展密切相关。良好的湿地生态环境能够为人类提供清洁的水源、丰富的渔业资源、独特的旅游景观等,促进相关产业的发展。同时,湿地保护还能提高区域的生态环境质量,改善居民的生活质量,为可持续发展提供良好的生态环境保障。把保护湿地摆在第一位,体现了尊重自然、顺应自然、保护自然的生态文明理念,推动了人与自然和谐共生的现代化建设,有助于提高全社会的生态文明意识,促进经济社会发展与生态环境保护的协调统一，为实现中华民族永续发展奠定坚实基础。湿地保护也是全球性的环境问题，中国作为《湿地公约》的缔约方，把保护摆在第一位，展现了负责任大国的担当，为全球湿地保护贡献了中国智慧和中国方案，推动了全球生态环境治理和可持续发展的进程。湿地保护是一项长期的战略任务，把保护摆在第一位，有助于形成湿地保护的长效机制，确保湿地资源的可持续利用和长远发展。

第三篇
水资源

水资源是经济社会发展的基础性、先导性、控制性要素，与粮食、能源并称为三大战略资源，在国家发展中具有举足轻重的战略地位。人多水少、水资源时空分布极不均衡，是我国的基本水情。合理开发、利用、节约和保护水资源，防治水害，实现水资源的可持续利用，适应国民经济和社会发展的需要，是统筹发展和安全的战略选择。党的十八大以来，以习近平同志为核心的党中央站在实现中华民族永续发展和国家安全的战略高度，提出"节水优先、空间均衡、系统治理、两手发力"治水思路，明确提出"推进中国

式现代化,要把水资源问题考虑进去","要"精打细算用好水资源,从严从细管好水资源"。用好管好水资源,惜水爱水是基础,治污是根本,保护是关键,节水是前提,把节水优先摆在治水兴水突出位置,这是历史智慧的启迪,也是缓解我国水资源供需矛盾、保障水安全的现实需要,对推动高质量发展、建设美丽中国具有重要意义。

水者何也?
万物之本原也,诸生之宗室也

原文

"是故具者何也?水是也。万物莫不以生,唯知其托者能为之正。具者,水是也。故曰:水者何也?万物之本原也,诸生之宗室也;美恶、贤不肖、愚俊之所产也。"

——[春秋]管仲《管子·水地》

释文

在《管子·水地》篇中,管仲提出了一个重要的观点:水是万物之原。管仲说:"水者何也?万物之本原,诸生之宗室也。"意思是:水是什么?水是万物的本原,是一切生命的植根之处。

评析

君子乐水,利在千秋。水在《管子》中被视为万物的根本，是生命和万物生长的基础，它具有仁、智、正、义和谦卑的品质，象征着道和王者的气度。水的特性如五量之宗、五色之质、五味之中心，体现了万物的准绳和生命的平衡。《管子·水地》中还提到人与水的关系，认为人的形成过程与水的精气合流有关，人的五脏与五味相对应，体现了生命的发育和成长。水的精粗、浊蹇与人的生成、玉的九德，以及伏暗能存的蓍龟与龙形成对比，展现了水的神秘和变化无常。管仲被认为是世界上第一个提出水是世界本原的唯物主义哲学本体论者。他提出"水者何也？万物之本原也，诸生之宗室也。"这一理论比西方哲学之父、古希腊的哲学家泰勒斯提出的"水本原说"早了近一个世纪。在管仲看来，水与土地是人们赖以生存最基本的物质基础，是万物之本原，水是土地之血气，正是依靠水，土地才能滋养万物。管仲"天人合一"的识水治水思想之所以能够源远流长，是因为其遵循自然规律，将人视为自然的一部分，这与现代"人与自然和谐相处"的思想不谋而合。

逝者如斯夫，不舍昼夜

原文

子在川上曰："逝者如斯夫，不舍昼夜。"

——[春秋]孔子《论语·子罕篇》

释文

孔子在河边说道："奔流而去的河水是这样匆忙啊。白天黑夜的不停流。"

传说孔子在2500年前闻听吕梁洪（今江苏省徐州市吕梁山）乃四险之最，带得意弟子数人，前去观洪。不料孔子同弟子快马加鞭路过一个山旮旯时，因山路崎岖，车轴"咔嚓"而断，不得不留宿两日，因有圣人寄宿，圣人窝村由此得名。孔子看到山下奔流的泗水（今故黄河），有感而发，写下了"逝者如斯夫，不舍昼夜"。

评析

"逝者如斯夫，不舍昼夜"出自《论语·子罕篇》，是孔子在河边发出的感慨。这句话的意思是：时间就像这流淌的河水一样，不分昼夜地向前流逝。孔子用流水来比喻时间的流逝，表达了他对时间的珍惜和对人生的思考。自然界、人世间、宇宙万物，无一不是逝者，无一不像河里的流水，昼夜不住地流，一经流去，便不会流回来。水资源是有限的，对人类和自然环境都至关重要。随着经济的发展和人口的增加，世界用水量也在逐年增加。在人类面临的各种资源危机中，淡水危机是其中之一。2024年，世界经济论坛支持的全球水资源经济学委员会发布了一份名为《水资源经济学：重视水文循环作为全球共同利益》的报告，其中提到，到2030年，全球近一半人口可能生活在缺水地区；到2050年，缺水可能导致某些地区的GDP下降高达6%，尤其是气候干旱或农业和能源生产高度依赖水资源的地区。可见，水危机已经严重制约了人类的可持续发展。因此，我们应该像珍惜时间一样珍惜水资源，合理利用每一滴水，避免浪费，保护水资源，以确保可持续的发展和生态平衡。通过节约用水、合理使用水资源、减少污染等措施，可以更好地保护和利用这一宝贵的自然资源。

不积小流，无以成江海

原文

积土成山，风雨兴焉；积水成渊，蛟龙生焉；积善成德，而神明自得，圣心备焉。故不积跬步，无以至千里；不积小流，无以成江海。骐骥一跃，不能十步；驽马十驾，功在不舍。锲而舍之，朽木不折；锲而不舍，金石可镂。

——[战国]荀子《荀子·劝学》

释文

荀子（约前313—前238），名况。战国晚期赵国人，思想家、哲学家、教育家、儒家学派的代表人物，先秦时代百家争鸣的集大成者。在《荀子·劝学》中，荀子首先阐述了学习对于人增长知识和才干、增进品德修养及全身远祸的重要性，并且认为学无止境，学习是一个人一生的事情。"不积小流，无以成江海"，以水喻道，意思是比喻学习必须日积月累，循序渐进。同理，抓好水资源管理，既要"开源"

更要"节流",要从一点一滴做起,积少成多,从源头上控制水资源的需求。

评析

"不积小流,无以成江海"的哲理告诉我们,任何事物的发展都是从量变到质变的过程,没有量的积累就不会有质的变化。2009年5月13日,习近平同志在中央党校2009年春季学期第二批进修班暨专题研讨班开学典礼上的讲话[1]中引用"不积跬步,无以至千里;不积小流,无以成江海",要求领导干部要善读书,一个重要方面就在于利用好时间,养成坚持不懈的习惯。

这一哲理在水资源保护方面有着重要的启示。地球上的水资源虽然丰富,但可供人类直接利用的淡水资源却非常有限。我国人口众多,水资源占有量少且地区分布不均,这要求我们必须坚持和落实节水优先方针,深入实施国家节水行动,全面建设节水型社会,并通过加强用水管理、转变用水方式,采取技术上可行、经济上合理的措施,降低水资源消

---

[1] 2009年5月13日,时任中央党校校长的习近平同志在中央党校2009年春季学期第二批进修班暨专题研讨班开学典礼上的讲话,《学习时报》,2009年5月18日。

耗、减少水资源损失、防止水资源浪费，合理、有效利用水资源的活动，引导全社会形成爱护水资源，珍惜每一滴水的良好风尚，共同为保护珍贵的水资源贡献自己的力量。

堀地财，取水利

原文

舜之耕渔，其贤不肖与为天子同。其未遇时也，以其徒属堀地财，取水利，编蒲苇，结罟网，手足胼胝不居，然后免於冻馁之患。

——[战国]吕不韦《吕氏春秋·慎人》

释文

舜在耕作打鱼时，他的贤与不肖之处与后来做天子时相同，只不过那时还没遇到时机而已，只好与他的弟子们耕作，捕鱼，编蒲苇，结渔网，手足长了胼胝也不休息，这才能免于挨冻受饿的遭遇。其中，"堀地财，取水利"的意思是挖掘土地资源，利用水利资源。

评析

"水利"一词出现在中国已有两千多年的历史，最早见于战国末期《吕氏春秋·慎人》："堀地财，取水利"。这里的"水利"泛指水产捕鱼采集之利，是从水中取得各种自然资源（动植物）而直接利用的意思。"水利"含义很宽泛，这里还不是完整意义上的"水利"概念。到了西汉武帝时代，与现代水利意义相近的"水利"这个概念正式形成。司马迁所著《史记·河渠书》在结尾的总结中说："自是之后，用事者争言水利。"而《史记·河渠书》所载内容不仅包括农田水利工程郑国渠、河东渠，还包括防洪治河与航运的漕渠等工程。从此，"水利"成为一个包括防洪治水、农田灌溉、航运交通等多项内容的专用名词，具有特定含义，与现代意义的"水利"相差不多。

甚哉，水之为利害也

原文

太史公曰：余南登庐山，观禹疏九江，遂至于会稽太湟，上姑苏，望五湖；东窥洛汭、大邳，迎河，行淮、泗、济、漯洛渠；西瞻蜀之岷山及离碓；北自龙门至于朔方。曰：甚哉，水之为利害也！余从负薪塞宣房，悲《瓠子》之诗而作灌渠书。

——[西汉]司马迁《史记·河渠书》

释文

司马迁（前145或前135—？），字子长，中国西汉时期伟大的史学家、文学家、思想家，他创作了《史记》这部伟大的历史著作，被后世尊称为史迁、太史公、历史之父。原文的意思是，太史公说："我曾南行登上庐山，观看禹疏导九江的遗迹，随后到会稽太湟，上姑苏台，眺望五湖；东行考察了洛汭、大邳，逆河而上，走过淮、泗、济、漯、洛诸水;西行瞻望了西蜀地区的岷山和离堆;北行自龙门走到朔方。深切感到:水与人的利害关系太大了!我随从皇帝参加了负薪塞宣房决口那件事,为皇帝所作《瓠子》诗感到悲伤,因而写下了《河渠书》。"

评析

两千多年前,我国著名史学家司马迁,就以超前的经济意识,从社会发展的角度,深刻论述水既可为利又可为害的两面性认知,并明确赋予"水利"一词以治水、导河、修渠、漕运、灌溉等专业内容。此后,"水利"一词约定成俗,沿袭至今,为我国水利工程的命名奠定了科学基础。司马迁亲自参加了黄河决口的堵口工程,从中他深刻认识到水利对国家兴衰成败的重要作用,兴水之利、避水之害对于国计民生和社会发展关系重大。

《史记·河渠书》最早记载了黄河决口及堵口。汉武帝元封二年(前109年)瓠子决口及堵口工程,特别是堵口断流所采用的打桩填草塞石的技术,为后世的治河堵决提供了实战样板,在现代堵口中仍发挥着重要作用。在1998年长江抗洪斗争的电视画面中,我们仍能清楚看到,在溃口抗洪军民冒着生命危险夯砸木桩,填塞沙袋的场景。黄河堵口后,负责河渠事的官员争相向武帝建议修筑水利,出现了

"用事者争言水利"的局面。于是水利大兴,出现了不少灌田万余顷的农田水利工程,而小型水利工程遍及各地。

《史记·河渠书》是我国第一部水利通史,首次明确赋予"水利"一词以治河修渠等工程技术的专业性质,论述了自大禹治水至西汉两千多年的水利建设史实,是系统介绍古代中国水利及其对国计民生影响的权威性记录。在记录了从禹治水到汉武帝黄河瓠子堵口这一历史时期内一系列治河防洪、开渠通航和引水灌溉的史实,感叹道:"甚哉,水之为利害也",并指出"自是之后,用事者争言水利"。水利作为社会发展的重要方面载入史册,为后世历史专著所效法,正统史书所遵循,成为中国通史的重要组成部分。

是以泰山不让土壤，故能成其大；河海不择细流，故能就其深

原文

臣闻地广者粟多，国大者人众，兵强则士勇。是以泰山不让土壤，故能成其大；河海不择细流，故能就其深；王者不却众庶，故能明其德。是以地无四方，民无异国，四时充美，鬼神降福，此五帝三王之所以无敌也。

——[秦]李斯《谏逐客书》

释文

李斯（？—前208），字通古，楚国上蔡（今河南省驻马店市上蔡县）人，秦朝时期大臣、政治家、文学家、书法家。《谏逐客书》先叙述秦国自秦穆公以来皆以客致强的历史，说明秦国若无客助则未必强大的道理；然后列举各种女乐珠玉虽非秦地所产却被喜爱的事实作比，说明秦王不应重物而轻人。"是以泰山不让土壤，故能成其大；河海不择细

流,故能就其深"意思是,泰山不舍弃任何土壤,所以能那样高大;河海不排斥任何细流,所以能那样深广。

评析

"河海不择细流,故能就其深"原意是形容河海之所以深广,是因为它们不拒绝任何细小的水流。这一哲理对水资源节约与保护也有着重要启示。河海的深广是长期积累的结果,正如河海接纳每一滴细小的水流,在水资源节约与保护上也应该有包容的心态,不忽视任何微小的节水行为或保护措施。每个人的小小努力,汇聚起来就能形成巨大的力量。水资源节约与保护也需要具备持续性和长远眼光。不能因为一时的便利或利益而忽视对水资源的珍惜和保护,应该将节水意识融入日常生活的方方面面,为子孙后代留下充足、清洁的水资源。

习近平总书记在第二届"一带一路"国际合作高峰论坛开幕式上的主旨演讲中引用了这句话[1]。当今国际合作其实就是江河湖海,而各国都是小溪流。国际合作绝对不能搞保

---

[1] 《齐心开创共建"一带一路"美好未来——在第二届"一带一路"国际合作高峰论坛开幕式上的主旨演讲》,《人民日报》,2019年4月27日。

护主义，不能拒绝溪流的汇入，一定要促进贸易和投资自由化便利化，这样才能让各国在商品、经济、技术、人员等方面的涓涓细流都汇聚起来，成就国际共赢的江河湖海，这也正是共建"一带一路"的意义所在。

欲致鱼者先通水

原文

耀蝉者务在明其火，钓鱼者务在芳其饵。明其火者，所以耀而致之也；芳其饵者，所以诱而利之也。欲致鱼者先通水，欲致鸟者先树木。水积而鱼聚，木茂而鸟集。好弋者先具缴与矰，好鱼者先具罟与罛，未有无其具而得其利。

——[西汉]刘安《淮南子·说山训》

释文

"欲致鱼者先通水"出自《淮南子·说山训》，意思是想要吸引鱼儿，首先要开通水道。这句话强调了创造条件以实现目标的重要性。这句话不仅是对自然现象的描述，更蕴含了深刻的哲理，强调了事物之间的联系和条件的重要性。

评析

"欲致鱼者先通水，欲致鸟者先树木。水积而鱼聚，木茂而鸟集"意思是，想要引来鱼就要先疏通水道，想要引来鸟就要先栽种树木。积水成渊，鱼就会聚拢，树木茂盛，鸟就会聚集。"欲致鱼者先通水"的比喻不仅是对吸引人才的隐喻，也是对水资源保护和管理的重要启示。强调了事物之间存在的因果联系，即水资源的积累（因）会导致鱼群的聚集（果）。这提醒我们，在水资源保护中，要注意各种活动对水资源及其生态系统的影响，以及这些影响如何反过来影响人类的生存和发展。良好的生态环境是实现可持续发展的重要保证。只有保护好水资源，才能实现水资源的生态平衡和可持续利用，才能做到人与自然和谐共生。

天下之多者水也

原文

天下之多者水也，浮天载地，高下无所不至，万物无所不润。

——东晋·郭璞《玄中记》

释文

郭璞（276—324），字景纯，河东郡闻喜县（今山西省运城市闻喜县）人，东晋时期学者，文学家、训诂学家、道学术数大师、游仙诗祖师。《玄中记》上承远古传说，从《山海经》所载的殊方绝域、飞禽走兽、奇花异木、山川地理的神话演化而来，广罗天下奇闻异事；下启六朝志怪，书中内容所载多为后代志怪小说所借鉴。"天下之多者水也，浮天载地，高下无所不至，万物无所不润"意思是，世界上最丰富的东西是水。天上浮着的，地上载着的，高处低处，它都无所不至；世上万物，无不受它的滋润。此句还被郦道元（约 470—527）所撰《水经注·序》引用。

评析

郦道元在《水经注·序》中写道：《易》称天以一生水，故气微于北方，而为物之先也。《玄中记》曰：天下之多者水也，浮天载地，高下无所不至，万物无所不润。表明时人已经充分认识到水资源对世间万物有着极为重要的作用，对人类生存和发展也发挥着重要的作用。同时，也表达了作者对前人地理著作的批判性继承和创新，进一步强调了水在自然界中的重要地位，认为水是万物生成的根本，是天地间最重要的物质，对后世产生了深远的影响。从古至今，水无私心，却能回应世间万物需要，养育花木、浇灌田禾、利益世人，练就中华民族"美美与共，和谐共生"的精神品质。在推进中国式现代化进程中，我们要积极弘扬水资源保护利用的优秀传统，从中汲取思想智慧、精神营养，始终坚持绿水青山就是金山银山的理念，坚定不移走生态优先、绿色发展之路，对山水林田湖草沙进行系统治理、统筹谋划，对跨行政区、跨流域的水域进行协同治理、形成合力，以节水刚性约束要求各地发展调结构、转方向、提质量，努力实现水润林、林固土、土保田，促进经济社会发展全面绿色转型，建设人与自然和谐共生的现代化。

水德含和，变通在我

原文

又东迳容城县故城北，又东，督亢沟水注之。水上承涞水于涞谷，引之则长津委注，遏之则微川辍流，水德含和，变通在我。东南流迳道县北，又东迳涿县郦亭楼桑里南，即刘备之旧里也。

——[北魏]郦道元《水经注》

释文

郦道元（约470—527），字善长，范阳涿县（今河北省涿州市）人，南北朝时期北魏官员、地理学家、文学家、政治家、教育家。《水经注》既是一部内容丰富多彩的地理著作，也是一部优美的山水散文汇集，可称为中国游记文学的开创者，对后世游记散文的发展影响颇大。"水德含和，变通在我"是郦道元从古代水利工程良好效益中悟出的一番道理。其中，"水德含和"即水的本性包含了和。水是一种自然元素，它具有滋润、濡养、生养的特性，能促进生态系统的平衡与稳定。同时，水也具有柔软、流动、变化的特点，可以随着环境的变化而变化，从而达到最大的适应性和变通性。而"变通在我"则表达人在这种和谐关系中的主导作用。在自然界中，人作为智慧生命，具有思考、创造和改变的能力，可以通过自己的行动来调整生态关系，以达到最优的生态平衡。因此，在水的本性与人的行为之间，存在一种相互促进、相互协调的关系。

评析

"水德含和，变通在我"道出了人水关系的本质，并且在一千多年后的今天仍然有着重要的现实意义。"水德含和"说的是水的本性包括水与人以及整个自然界之间存在着一种生生相续的和谐生态关系，"变通在我"是说人是调整这种生态关系的主导力量。它强调了人与自然之间的和谐关系，并强调了人在调整生态关系中的主导作用。体现了人与自然和谐相处、科学管理水资源、实现水资源可持续利用的思想。"水德含和，变通在我"提醒人们要尊重自然、保护自然、与自然和谐相处，同时也要发挥人的智慧和力量，积极参与到自然资源的保护中来。

问渠那得清如许？
为有源头活水来

原文

半亩方塘一鉴开，天光云影共徘徊。

问渠那得清如许？为有源头活水来。

——[宋]朱熹《观书有感·其一》

释文

朱熹（1130—1200），字元晦，一字仲晦，号晦庵，又号紫阳，世称晦庵先生、朱文公。祖籍徽州府婺源县（今江西省上饶市婺源县），出生于南剑州尤溪（今福建省三明市尤溪县）。南宋理学家、哲学家、思想家、政治家、教育家、诗人。"问渠那得清如许，为有源头活水来。"出自朱熹的诗《观书有感》。大意是，问它怎么会如此澄澈明丽？原来有一股活水不断从源头流来。借水之清澈，是因为有源头活水不断注入，暗喻人要心灵澄明，就得认真读书，时时补充新知。因此人们常常用来比喻不断学习新知识，才能达到新境界。人们也用这两句诗来赞美一个人的学问或艺术的成就，自有其深厚的渊源。

评析

"问渠那得清如许，为有源头活水来"是既有诗情又富有哲理的诗句，是千百年来脍炙人口的不朽佳句。作者通过池塘流水形象表达一种很难言表的读书心得和感受。池塘并不是一潭死水，是不断流出流进，不断更换清洁的活水，才有如此如明镜一样清澈见底，才有如明镜一样映出天色和云影。我们也可以从这首诗中得到启发，万事万物都在不断更新发展，人也一样。在漫长的人生过程中，只有不断学习新的知识、接收新的思想，才能为自己的人生注入新的能量，这样才不至于被淘汰、被腐坏，让自己永远保持活力和动力。只有思想永远活跃，以开明宽阔的胸襟，接受种种不同的思想、鲜活的知识，广泛包容，方能才思不断，新水长流。这两句诗已凝缩为常用成语"源头活水"，用以比喻事物发展的源泉和动力。

青山不老，绿水长存

原文

青山不老，绿水长存。他日事成，必当后报。

——[明]罗贯中《三国演义》

释文

罗贯中（约1330—约1400），名本，字贯中，号湖海散人，太原人，元末明初小说家。代表作有《三国志通俗演义》。青山永远不会变老，而碧绿的江水也会永不停歇地流淌。这里的"青山"象征着巍峨的山川，"绿水"则代表着绵延的江河。而"青山不老，绿水长存"所传达的信息是：大自然的力量是永恒的，它历经千变万化却始终如一。

评析

"青山不老，绿水长存"这句古语，描绘了大自然山水景色的永恒不变之态。它所蕴含的，不只是人们对自然美景的向往之情，更是对人类与自然和谐共生关系的理想化勾勒，表达了对自然界永恒生命力的由衷赞美。

在这句古语中，"青山"与"绿水"分别象征着森林和水资源，它们都是生态系统中不可或缺的重要组成部分。森林凭借光合作用吸收二氧化碳，调节气候，同时有效防止土壤侵蚀；而清洁的水资源，则是支撑人类和所有生物生存的关键要素，对维持生态系统的平衡起着至关重要的作用。以众多旅游胜地为例，清澈的河流、湖泊吸引着大量游客纷至沓来，有力地促进了当地旅游业的蓬勃发展。然而，一旦水资源遭到破坏，水质恶化，不仅生态系统会受到严重损害，依赖水资源的相关产业也将遭受沉重打击。

在当代水资源工作中，我们必须秉持"绿水青山就是金山银山"的理念，将保护水资源置于首要位置，积极推动产业转型，实现水资源的可持续利用。在农业领域，我们应大力引导农民采用节水灌溉技术，发展生态农业，从而有效减少农业面源污染对水资源的危害；在工业方面，鼓励企业采用先进的节水技术和循环用水系统，降低工业用水总量。通过这样的产业结构调整，既能减轻对水资源的压力，又能培育新的经济增长点，实现经济发展与水资源保护的双赢局面，恰似"青山不老，绿水长存"所描绘的美好永续状态。

木无本必枯，水无源必竭

原文

卫侯将死矣！诸侯之有王，犹木之有本，水之有源也。木无本必枯，水无源必竭，不死何为？

——[明]冯梦龙《东周列国志》

释文

冯梦龙（1574—1646），字犹龙，又字耳犹、子犹。明朝南直隶苏州府长洲县（今江苏省苏州市）人，明代文学家、思想家、戏曲家。"木无本必枯，水无源必竭"意思是，树木离开树根一定会枯萎，河水离开本源一定会枯竭。这句话强调了根本和源泉对于生存的重要性，深刻地揭示了事物存在的根本原理，即任何事物如果没有其存在的根基或源泉，都将无法持续存在。

评析

"木无本必枯,水无源必竭"这一比喻通过直观的方式传达了一个深刻的道理:就像树木没有根会枯萎,水流没有源头会干涸一样,揭示了水资源的宝贵和有限性,以及保护和节约水资源的重要性。强调了水资源的重要性,以及节约和保护水资源的紧迫性。水是生命之源,也是农业、工业等各领域不可或缺的要素,人类和社会的发展也离不开水资源的持续供给。保护水资源意味着保护生命,保护生产力,保护未来的可持续发展。地球上的水资源虽然丰富,但可供人类直接使用的淡水资源却非常有限。因此,我们要采取有效措施,减少污染,防止水资源浪费,确保水资源的可持续利用。这一比喻还提醒我们,要像对待生命一样对待水资源。水资源的保护和节约需要全社会的共同参与和努力。政府、企业、学校、家庭等各个层面都应该承担起责任,通过教育、宣传、政策引导等方式,提高公众的节水意识,形成全社会的节水风尚。

海纳百川，有容乃大

原文

海纳百川，有容乃大；壁立千仞，无欲则刚。

——[清]林则徐《林则徐联语》

释文

林则徐（1785—1850），福建侯官（今福建省福州市）人，是清代杰出政治家、思想家，民族英雄。"海纳百川，有容乃大；壁立千仞，无欲则刚"是林则徐任两广总督时在总督府衙题书的堂联。意为大海因为有宽广的度量才容纳了成百上千条河流；高山因为没有钩心斗角的凡世杂欲才如此的挺拔。此联强调了"无欲"的重要性。海纳百川的胸怀和"壁立千仞"的刚直，都来源于"无欲"。这种气度和"无欲"情怀，以及至大至刚的浩然之气，是健全人格不可缺少的元素。

评析

"海纳百川，有容乃大；壁立千仞，无欲则刚。"集古人语而成，言简旨丰。上联以海洋汇聚容纳千百河流，因而成就它的浩瀚博大，告诫自己涵养气度，广收博采不同意见。下联以悬崖绝壁耸立千丈而不倾不斜，无私无偏，砥砺自己刚直不阿，杜绝私欲。做人如此，治国亦如此，国际交往中更是如此。党的十八大以来，习近平总书记在多个外交场合引用了该典故。2017年1月18日，国家主席习近平在瑞士日内瓦万国宫出席"共商共筑人类命运共同体"高级别会议，并发表题为"共同构建人类命运共同体"的主旨演讲，演讲里说道："'海纳百川，有容乃大。'开放包容，筑就了日内瓦多边外交大舞台。我们要推进国际关系民主化，不能搞'一国独霸'或'几方共治'。世界命运应该由各国共同掌握，国际规则应该由各国共同书写，全球事务应该由各国共同治理，发展成果应该由各国共同分享。"习近平总书记于此处用该典故，仅仅8个字，即表达了中国尊重各国自主选择社会制度和发展道路的主张，展现了中国的博大胸怀，消除了一些国家对中国政策的疑虑。开放才能带来进步，合作才能实现共赢。只有牢固树立人类命运共同体意识，坚持包容普惠，推动共同发展，才能开创人类更加美好的未来。

水利是农业的命脉

原文

关于农业生产的必要条件方面的困难问题，如劳动力问题、耕牛问题、肥料问题、种子问题、水利问题等，我们必须用力领导农民求得解决。这里，有组织地调剂劳动力和推动妇女参加生产，是我们农业生产方面的最基本的任务。而劳动互助社和耕田队的组织，在春耕夏耕等重要季节我们对于整个农村民众的动员和督促，则是解决劳动力问题的必要的方法。不少的一部分农民（大约百分之二十五）缺乏耕牛，也是一个很大的问题。组织犁牛合作社，动员一切无牛人家自动地合股买牛共同使用，是我们应该注意的事。水利是农业的命脉，我们也应予以极大的注意。

——《毛泽东选集（第一卷）》

释文

作为中国共产党的主要缔造者和领导人，毛泽东同志很早就开始关注和重视水利,认识到水利的地位和作用。1931年夏,毛泽东在瑞金县叶坪村指导抗旱,曾带领区乡工农民主政府干部冒酷暑沿绵江直上几十里,堪山察水,规划修筑水陂、水坝。1932年,毛泽东在叶坪亲自领导修建的东华陂,成为中华苏维埃山林水利局成立后在瑞金修建的第一座陂坝工程。1933年4月,毛泽东随临时中央政府机关迁至瑞金县沙洲坝,在这里与群众一起选择井址,挖成了沙洲坝的第一口水井,当地人民亲切称之为"红井",井边碑文"吃水不忘挖井人,时刻想念毛主席"流传至今。经过诸多的水利实践,毛泽东深刻认识到水利的重要性。1934年,毛泽东同志在中央苏区第二次苏维埃大会上提出"水利是农业的命脉"这一论断。如果土地是农业的一块块肌体,那么河流、沟渠正是输送营养的血脉。

评析

"水利是农业的命脉"这句话强调了水资源管理和水利建设在农业生产中的极端重要性。农业是国家经济的基础,而水利是农业的基础。因此,水利不仅影响粮食安全,还关系到国家经济的发展、社会的稳定和人民的福祉。

我国有着悠久的农业历史和丰富的治水经验。从古代的大禹治水到现代的三峡大坝,水利一直是中国农业和社会发展的重要组成部分。农业生产高度依赖水。无论灌溉还是养殖，水都是不可或缺的资源。特别是在干旱和半干旱地区，水资源的充足与否直接决定了农业生产的成败。而水利设施，如水库、灌溉渠道、水泵站等，对于调节水资源的时空分布、提高水资源利用效率具有关键作用。这些设施可以帮助农民在干旱季节或干旱地区进行农业生产。国家一直把水利建设作为国家基础设施建设的重点，投入大量资源进行水库、灌溉系统等设施的建设和改造。"水利是农业的命脉"不仅是对水利重要性的高度概括，也是对中国农业和社会发展历史的深刻总结。

节水优先、空间均衡、系统治理、两手发力

原文

水安全,关键要转变治水思路,按照"节水优先、空间均衡、系统治理、两手发力"的方针治水,统筹做好水灾害防治、水资源节约、水生态保护修复、水环境治理。

——《习近平关于社会主义生态文明建设论述摘编》

释文

习近平总书记"节水优先、空间均衡、系统治理、两手发力"治水思路,根植于对新老水问题交织、我国治水呈现新内涵和面临新课题的深刻判断,集中体现了新发展理念在治水领域的精准要求。"节水优先",强调治水的关键环节是节水,从观念、意识、措施等各方面都要把节水放在优先位置。"空间均衡",强调要树立人口经济与资源环境相均衡的原则,把水资源、水生态、水环境承载力作为刚性约束。"系统治理",强调要用系统论的思想方法看待治水问题,统

筹治水和治山、治水和治林、治水和治田、治水和治草、治水和治沙、治山和治林等，立足生态系统全局谋划治水。"两手发力"，强调要充分发挥市场在资源配置中的决定性作用，更好发挥政府作用。

评析

习近平总书记"节水优先、空间均衡、系统治理、两手发力"治水思路，为系统解决我国水资源问题、保障国家水安全指明了前进方向、提供了根本遵循，强调要从改变自然、征服自然转向调整人的行为、纠正人的错误行为。这是习近平总书记深刻洞察我国国情水情、针对我国水安全严峻形势提出的治本之策，是习近平新时代中国特色社会主义思想在治水领域的集中体现。

习近平总书记"节水优先、空间均衡、系统治理、两手发力"治水思路聚焦水灾害、水资源、水生态、水环境问题，以生态优先、绿色发展理念为指导，坚持山水林田湖草沙系统治理，严守水资源开发利用上限、水环境质量底线和生态保护红线，使水资源刚性约束制度效能充分发挥，用水方式向节约集约转变，水生态水环境持续改善，河湖健康生命得以维护，绿色发展方式和生活方式加快形成，充分体现了人与自然和谐共生的价值取向。

精打细算用好水资源，从严从细管好水资源

原文

要精打细算用好水资源，从严从细管好水资源。要创新水权、排污权等交易措施，用好财税杠杆，发挥价格机制作用，倒逼提升节水效果。

——《习近平在深入推动黄河流域生态保护和高质量发展座谈会上强调 咬定目标 脚踏实地 埋头苦干 久久为功 为黄河永远造福中华民族而不懈奋斗》，《人民日报》，2021年10月22日

释文

"精打细算用好水资源，从严从细管好水资源"就要坚持把水资源作为最大的刚性约束，提高水资源利用水平。要落实节水优先方针，在强化水资源刚性约束，整体推进全空间、全领域、全流程、全系统节水的同时，加快构建国家水

网，优化水资源配置，促进用水方式由粗放型向节约集约型转变。加快形成绿色生产生活方式，坚决遏制不合理用水需求，提高水资源配置效率。

评析

我国长期处于人多水少、水资源分布不均且供需矛盾突出的状况，但同时又存在粗放用水、浪费严重、效率不高等问题。因此，精打细算、从严细管，加强水资源节约集约利用，是实现水资源刚性约束制度的必由之路，也是保障我国水安全的必然选择。提高水资源利用水平，要坚持节水优先，深入实施国家节水行动，从观念、意识、措施等各方面都把节水放在优先位置，健全完善节水制度政策，以农业节水增效、工业节水减排、城镇节水降损为重点方向，推动用水方式由粗放向节约集约转变，持续推动全社会节水。要坚持以水而定、量水而行，建立水资源刚性约束制度，控制水资源开发利用总量，强化取用水管理，持续复苏河湖生态环境，满足合理用水需求，坚决抑制不合理用水需求，防止和纠正错误的用水行为，将城市、产业、土地、人口发展都要控制在水资源承载能力范围内，促进经济社会可持续发展。

以水定城、以水定地、以水定人、以水定产

原文

全方位贯彻"四水四定"原则。要坚决落实以水定城、以水定地、以水定人、以水定产,走好水安全有效保障、水资源高效利用、水生态明显改善的集约节约发展之路。

——《习近平在深入推动黄河流域生态保护和高质量发展座谈会上强调 咬定目标 脚踏实地 埋头苦干 久久为功 为黄河永远造福中华民族而不懈奋斗》,《人民日报》,2021年10月22日

释文

"四水四定"是指根据水资源的情况来决定城市的发展规模、土地利用、人口规模以及产业发展。"以水定城"强调在规划城市规模时要充分考虑水资源的自然禀赋,根据可利用的水资源总量与水资源的环境容量来规划城市空间布

局，防止城市的无序扩张，创造宜居环境。"以水定地"是指根据水资源保护标准，以水功能限定土地用途，决定土地利用的规模和方式，实现水资源与经济社会发展的平衡协调。"以水定人"是指根据城市水资源可利用量上限来确定城市人口规模，控制缺水地区的人口增长，对严重缺水地区实行生态移民。"以水定产"强调区域发展产业规模和产业结构调整要适应水资源的刚性约束，加快淘汰高耗水、高污染的企业，推动绿色发展产业转型。

评析

"四水四定"是中国在面对水资源短缺和分布不均的问题时，提出的一种发展策略，旨在将水资源作为城市和区域发展的刚性约束条件，通过科学规划和合理利用水资源，实现经济社会的可持续发展。坚持"以水而定、量水而行"，充分发挥水资源刚性约束作用，倒逼发展规模、结构、布局的优化，将人口经济发展规模控制在水资源承载能力范围之内，通过合理规划人口、城市和产业发展，坚定走"节水先行、生态优先、适水发展、人水和谐"的集约节约、协同发展之路，促进水利的经济、社会、环境效益统一，以水资源的可持续利用支撑经济社会的可持续发展，走绿色、可持续的高质量发展之路。

有多少汤就泡多少馍

原文

面对水安全的严峻形势，发展经济、推进工业化、城镇化，包括推进农业现代化，都必须树立人口经济与资源环境相均衡的原则。"有多少汤泡多少馍"。要加强需求管理，把水资源、水生态、水环境承载能力作为刚性约束，贯彻落实到改革发展稳定各项工作中。

——《习近平关于社会主义生态文明建设论述摘编》

释文

"有多少汤泡多少馍"是我国西北民间俗语。意思是羊肉汤的多寡要与馍的多少成比例。表达在现实生活中，也要学会量力而行。不要贪心不足、贪婪过度，否则会让自己陷入困境或者失去更多。要根据自己的实际情况和能力，选择适合自己的东西，不要盲目跟风或者追求不切实际的目标。

评析

"有多少汤泡多少馍"蕴涵着科学的认识论和方法论,把水置于经济社会发展的重要考量,体现一切从实际出发、实事求是的思想路线,体现的是对规律的尊重,是治理能力现代化的一个表征。以水资源利用为例,我国可供利用的水资源是有限的,十分宝贵。长久以来,黄河流经省份特别是上中游地区的传统粗放发展方式、对水资源的高需求和无限制利用等,导致"汤"和"馍"的矛盾十分突出。因此,黄河流域水资源的保护和利用,一定要把水资源作为最大的刚性约束,并不是黄河水一点都不能利用,而是要善于算大账、算长远账、算整体账、算综合账,坚持以水定城、以水定地、以水定人、以水定产,合理规划人口、城市和产业发展,坚定不移走生态优先、绿色发展道路,着力打好环境问题整治、深度节水控水、生态保护修复攻坚战,严守生态保护红线,严守资源特别是水资源开发利用上限,切实推动黄河流域生态保护和高质量发展。其实不只是水,我国的土地、能源等资源总量也是有限的。只有从大局出发,既谋一时又谋万世、既谋一域又谋全局、既尽力而为又量力而行,才能走上环境治理的高质量发展之路。

河川之危、水源之危是生存环境之危、民族存续之危

原文

我国水安全已全面亮起红灯，高分贝的警讯已经发出，部分区域已出现水危机。河川之危、水源之危是生存环境之危、民族存续之危。水已经成为了我国严重短缺的产品，成了制约环境质量的主要因素，成了经济社会发展面临的严重安全问题。一则广告词说"地球上最后一滴水，就是人的眼泪"，我们绝对不能让这种现象发生。全党要大力增强水忧患意识、水危机意识，从全面建成小康社会、实现中华民族永续发展的战略高度，重视解决好水安全问题。

——《习近平关于社会主义生态文明建设论述摘编》

释文

《自然-通讯》发表一项新研究警告，全球缺水问题加剧，这意味着人类所利用的水源会变得越来越少。预计到

2050年，1/3地区将严重缺乏清洁水源，影响30亿人。中国也是受影响严重的国家之一。中国是一个水资源严重短缺的国家，仅为世界人均占有量的1/4，人均占有量为2200立方米。全国669座城市中有400座供水不足，110座严重缺水，大部分在我国北方及西北半干旱、干旱地区，其中华北地区水资源紧缺已成为制约国民经济发展的重要障碍。淡水资源作为国家发展的重要自然资源，必须高度重视和珍惜。在做好节水和治水，提高现有水资源利用效率的同时，充分拓展可调水源，做好科学规划和调配，争取最大的增量用水。可以说，治水兴水关系人民生命安全、粮食安全、经济安全、社会安全、生态安全、国家安全。保障水安全是治国大事，关系民族存续。保护和节约水资源刻不容缓，需要世代坚持。

评析

联合国环境署曾发出警告：人类在石油危机之后，下一个危机就是水。我国人均拥有淡水量只有世界平均水平的1/4，是全球13个人均水资源最贫乏的国家之一。中国以占全球6%的淡水资源，保障了全球近20%人口的用水，创造了全球18%以上的经济总量！从水与人、水与发展的角度来看，这是一个让人惊叹的结论。为了给子孙后代留下天蓝地绿水清的家园，全社会要大力增强水忧患意识、水危机意识，从全面建成小康社会、实现中华民族永续发展的战略高度，重视解决好水安全问题。我们每个人都要行动起来，从我做起、从点滴做起、从现在做起，自觉养成节约用水的好习惯，共同保护赖以生存的环境和宝贵的水资源。

第四篇
水安全

　　水安全是资源安全的重要组成部分,通常指人类社会生存环境和经济发展过程中发生的与水有关的危害问题,如水灾害、水破坏、水风险等。水灾害是指水给人类带来的危害,如雨涝灾害、洪水灾害、干旱灾害等。水破坏指因工业、农业、生活中产生的废水污染水环境,造成水资源的破坏。水风险取决于水资源总量与需求是否匹配,以及清洁的可用水资源是否短缺,即保证人们生产生活的正常用水。保障水安全就是保障国家和人民的利益不因洪水灾害、干旱缺水、水质污染、水环境破坏等造成严重损失,水资源能够满

足社会可持续发展的需要。国家层面要在防洪减灾、水资源节约集约安全利用、水生态保护方面系统性开展治水工作，解决人民群众最现实、最集中的水问题，提高防范化解水安全风险能力。水安全相关名言涵盖了对饮用水、水灾害预防、水与国家安全等方面的思考，通过对水安全的关切和重视，传达对水安全的紧急性和可持续利用的重要性，提醒人们高度重视水安全风险。

天下莫柔弱于水

原文

天下莫柔弱于水,而攻坚强者莫之能胜,以其无以易之。

——[春秋]老子《道德经》

释文

老子(约前571年—约前470年,一说前571年—前471年),姓李名耳,字聃,一字伯阳,春秋时期人。古代思想家、哲学家、文学家和史学家,道家学派创始人和主要代表人物。"天下莫柔弱于水"意指在天下万物之中,没有比水更柔弱的了。水没有固定的形状,可以随着容器的变化而变化,呈现出极度的柔弱。"而攻坚强者莫之能胜":然而,当水汇聚成势,如江河湖海,却能冲刷岩石,侵蚀陆地,甚至改变地貌,攻击坚强之物,无人能敌。这里的"莫之能胜",即没有人能战胜它,强调了水的强大力量。"以其无以易之":这是因为水没有固定的形态,可以顺应万物的变化而变化，因此无法用常规的方法来战胜它。

评析

老子以水为喻，阐述了"柔弱胜刚强"的哲学思想。告诉我们，在看似柔弱的外表下，往往蕴含着巨大的力量。同时，也提醒我们要顺应自然规律，不要强求改变，以柔克刚，方能成就大事。受全球气候变化和人类活动影响，近年来极端天气事件呈现趋多、趋频、趋强、趋广态势，暴雨洪涝灾害的突发性、极端性、反常性越来越明显，流域发生大洪水的可能明显增加。洪水破坏力巨大，给人民生产生活带来巨大损失。我国是世界上洪涝灾害最为严重的国家之一，全国半数人口和大部分财富集中在江河附近、易受洪灾的防洪保护区内，部分河流尚未进行系统治理，遭遇较大洪水时险情频出、灾害频发。水利设施建设目的主要是对水资源进行综合利用，兴利除害。我国水利工程在面对暴雨洪涝等极端灾害天气下，可完成分洪、泄洪、行洪、蓄滞洪区等措施，有效缓解洪涝灾害的破坏性。例如，三峡工程的建成标志着以三峡工程为骨干的长江中下游防洪体系基本形成。百年一遇的洪水使用三峡防洪库容调蓄即可抵御，千年一遇洪水需要配合使用分蓄洪区，使用荆江分蓄洪区的概率降至原来的 1/10，可大大降低洪水造成的损失。

善为国者，必先除其五害，五害之属，水为最大

原文

故善为国者，必先除其五害，人乃终身无害者而孝慈焉。桓公曰："愿闻五害之说。"管仲对曰："水，一害也；旱，一害也；风雾雹霜，一害也；厉，一害也；虫，一害也。此谓五害。五害之属，水最为大。五害已除，人乃可治。"

——[春秋]管仲《管子·度地》

释文

管仲特别强调水利的地位和作用，把兴修水利看作是治国安邦的根本大计。有一次，管仲与齐桓公一起探讨治国方略，管仲进言道："善为国者，必先除其五害。"所谓五害，即水、旱、风雾雹霜、瘟疫、虫灾。"五害之属，水最为大。五害已除，人乃可治"就是说，水和旱对经济发展和社会稳

定有严重影响，特别是水灾的危害最大。治理国家必须采取措施消除这五种自然灾害，才能确保农业丰收，国家繁荣昌盛。在中国历史上，管仲首次提出了治水是治国安邦头等大事的论点。

评析

洪水、洪涝、干旱是经常发生的自然灾害。中国的降水受较强季风气候影响，季节性强，降水量变化很大，时常导致旱涝两灾，旱灾水灾常同时发生在不同地区。面对旱涝两灾，水害严重、频繁的局面，人们意识到治理江河、防洪治水，引导灌溉等治水措施对社会稳定、经济发展具有重要的现实意义。在党和政府的领导下，我国应对旱涝两灾的能力大幅提升，但我国的防洪压力仍然较大，抗旱能力有待提升。历史经验表明，完全防止旱灾、水患是不可能的，只有在完善防洪、节水灌溉等水利工程措施的基础上，提高全社会的减灾防洪能力，才能将灾害损失减少到最低程度。

修堤梁，通沟浍，行水潦，安水臧，以时决塞

原文

修堤梁，通沟浍，行水潦，安水臧，以时决塞，岁虽凶败水旱，使民有所耘艾，司空之事也。

——[战国]荀子《荀子·王制》

释文

"修堤梁，通沟浍，行水潦，安水臧，以时决塞"是古代中国水利工程管理的重要原则和方法。其中，修堤梁指的是修缮和加固堤坝，以防止水流泛滥，保护农田和居民区不受水灾的侵袭。堤坝的稳固是水利工程的基础，对于防洪、排涝等具有重要作用。通沟浍即疏通沟渠，确保水流能够顺畅地通过，避免堵塞和积水。沟渠的畅通对于农田的灌溉和排水至关重要，有助于提高农田的产量和质量。行水潦指的是让水流在需要的时候能够顺畅地流动，特别是在雨季或洪

水期间，能够及时将多余的水排走，防止水灾的发生。安水臧即安置好水库或蓄水设施，以便在干旱或需要用水的时候能够提供足够的水源。水库的调节功能对于平衡水资源、保障农业灌溉和居民用水具有重要意义。以时决塞意味着要根据实际情况和需要，按时决定水流的开塞。在需要用水的时候打开水闸，让水流进入农田或城市；在不需要用水或需要防洪的时候关闭水闸，防止水流泛滥。

评析

通过修缮堤坝、疏通沟渠、调节水流等措施，古代中国成功地构建了一套完善的水利工程体系，为农业生产和社会的繁荣提供了有力的支撑，也充分体现了中国古代的治水智慧。随着中国经济的发展和科学技术的进步，水利工程在防洪、发电、灌溉、航运等方面发挥了巨大的社会与经济效应，对促进经济的发展起了重要的作用。与此同时，全面提升水利工程建设质量和监督管理水平的必要性和重要性愈加凸显，应全面落实水库、水闸、堤防安全责任制，全面推进水利工程标准化管理。2023年3月1日起施行的《水利工程质量管理规定》（水利部令第52号）指出，县级以上地方人民政府水行政主管部门在职责范围内负责本行政区域水利工程质量的监督管理，并在第五条明确规定，项目法人或者建设单位对水利工程质量承担首要责任❶。其目的是明确监管职能，落实水利工程责任制，负责水利工程的职能部门需要认真履职，担负起监管、维护水利工程的职责。以河长制为例，全面推行河长制，是以保护水资源、防治水污染、改善水环境、修复水生态为主要任务，全面建立省、市、县、乡四级河长体系，构建责任明确、协调有序、监管严格、保护有力的河湖管理保护机制，为维护河湖健康生命、实现河湖功能永续利用提供制度保障。水利工程责任制需要长期落实，水利工程运行管理需要时刻敲响安全的警钟，做好水利工程的维护、保养等工作，确保水利工程运行安全和效益充分发挥，为推进水利高质量发展提供有力保障。

---

❶ 参见中华人民共和国水利部令（第52号）《水利工程质量管理规定》，2023年第6号国务院公报，中国政府网，2023年1月12日。

深淘滩，低作堰

原文

深淘滩，低作堰。

——[战国]李冰《都江堰水利工程治水名言》

释文

李冰（约前302—前235），号称陆海，河东解梁（今山西省运城市盐湖区解州镇郊斜村）人，战国时代著名的水利工程专家。前256—前251年被秦昭王任为蜀郡（今四川省成都市一带）太守。期间，李冰治水，创建了奇功。他征发民工在岷江流域兴办许多水利工程，其中以他和其子一同主持修建的都江堰水利工程最为著名。"深淘滩，低作堰"是闻名世界的都江堰水利工程的治水名言。这六字治水真经，不仅体现了古人卓越的治水理念和思想，也对现代人的人生治理以及企业经营具有重要的借鉴意义。"深淘滩"指的是每年岁修清淤时，必须淘挖到足够的深度，具体到凤栖窝的一段河床，以挖到前人在凤栖窝埋的卧铁为准。"低作堰"则是指飞沙堰的堰顶高程不宜过高，以免影响飞沙堰的排洪和排沙效果。

评析

古堰长青，泽被后世。都江堰水利工程历经两千余年经久不衰，至今仍发挥着生态、社会、经济与文化功能。都江堰充分发挥传统堰工技术的优势，以顺应和引导为原则，避免对环境的破坏性改造，以最小的工程量成功实现引水、排沙、泄洪等综合效益，是水生态安全的杰出代表。都江堰经典治水六字诀"深淘滩，低作堰"，对现代水工程建设与运行带来以下启示：

（1）治水与治沙有机结合。泥沙淤积是困扰世界水利工程难题之一。治水需先治沙，解决沙石淤积才能解决水害。治水与治沙有机结合可有效解决现代水利工程排沙问题。

（2）秉持"久久为功"的理念，保持水利工程的生命质量。"深淘滩，低作堰"明确了岁修理念，都江堰工程沿用至今。现代水利工程建造时，不仅要保证工程质量使用安全的功能，更要保证工程可持续发展的能力，延长工程的寿命，使水利工程的运行经得起时间考验。

（3）历史经验传承和时代创新相统一。在现代水利工程建设管理中,应古为今用,借鉴都江堰治水治沙的成功经验,与当代灌区水资源的开发、利用和保护方面相结合,"因时制宜、全面创新"顺应时代发展与人民需求[1]。

总之,都江堰工程符合岷江的水文规律和地理特点,尊重自然、顺应自然规律的治水原则贯穿都江堰工程始终,以"深淘滩 低作堰"为代表的都江堰治水理念与现代水生态文明建设理念相契合,对区域水利长足发展具有重要的现实启示意义。

---

[1] 邓俊,叶凤美:《都江堰"乘势利导、因时制宜"工程科技内涵解析与现实启示》,《中国防汛抗旱》,2024年第8期。

千里之堤，溃于蚁穴

原文

千丈之堤，以蝼蚁之穴溃；百尺之室，以突隙之烟焚。

——[战国]韩非《韩非子·喻老》

释文

韩非（约前280—前233），后世人尊称其为"韩非子"或"韩子"，战国时期韩国都城新郑（今河南省郑州市新郑市）人。战国末期带有唯物主义色彩的哲学家、思想家和散文家，法家的主要代表人物和集大成者。"千里之堤，溃于蚁穴"是一个汉语成语，出自《韩非子·喻老》，其中提到"千丈之堤，以蝼蚁之穴溃；百尺之室，以突隙之烟焚。"意思是千里长的大堤，往往因蚂蚁洞穴而崩溃，比喻小事不慎将酿成大祸。与"千里之堤，溃于蚁穴"意思相近的成语有"因小失大"，反义词则是"防患未然"。

评析

"千里之堤，溃于蚁穴"这个成语提醒我们，在日常生活和工作中，要时刻关注身边的微小隐患，及时采取措施加以防范，以免因小失大，造成不可挽回的损失。抓好水利安全要从严从细入手。在日常的水患防治中，蚁患防治是水库工程维修养护工作的重要内容之一。白蚁等害堤动物危害具有隐蔽性、反复性和长期性，容易诱发多种险情，是影响水库大坝、堤防等水利工程安全的重要隐患。2023年6月13日，水利部印发的《水利工程白蚁防治工作指导意见》❶指出，到2025年建立较为完备的水利工程白蚁综合防治工作体系，防治工作责任得到有效落实，防治工作制度和技术标准及定额进一步完善，白蚁防治基础研究和技术创新体制机制初步形成，白蚁危害预防、发现、治理能力和水平明显提升，白蚁危害险情发生率显著降低。到2030年，水利工程白蚁防治常态化机制全面建立，白蚁危害预防、发现、治理全过程实现绿色、智能、高效管理，白蚁危害得到全面控制。

以浙江省宁波市水利局为例，2023年成立工作专班，立足发现于早、治理于小，人防技防相结合，全面完成宁波

---

❶ 参见水利部关于印发《水利工程白蚁防治工作指导意见》的通知。

市水利工程白蚁等害堤动物普查和应急整治工作。宁波市水利局采取如下措施：①建立健全防治长效机制，日常巡查、专业检查、重点排查及专业治理等形成闭环；②"互联网+技术"被广泛应用到宁波市水库蚁患防治工作中，通过建立白蚁隐患动态监控和预报预警系统，实时精准发现隐患、消除隐患，防治工作格局正朝管理网格化、服务全程化、运行信息化发展；③强化要素保障，强化责任落实，把风险隐患化解于未萌，坚持不懈、从长计议，打造出蚁患防治的全生命周期服务的"市域样板"。水利无小事，坚持长期防治蚁患，做到早发现、早治理，打好水库大坝安全管理"持久战"。

禹之决渎也,因水以为师

原文

是故禹之决渎也,因水以为师;神农之播谷也,因苗以为教。

——[西汉]刘安《淮南子·原道训》

释文

"禹之决渎也,因水以为师"的意思是大禹之所以能治水成功,就是因为他善于总结水流的运动规律,能够因势利导治理洪水。"神农之播谷也,因苗以为教"意思是,神农氏播种五谷,正是遵循禾苗生长的自然规律来教民众耕作的。这里强调的是,无论治理水患还是播种谷物都要按客观规律办事。

评析

2019年9月18日,习近平总书记在黄河流域生态保护和高质量发展座谈会上也引用了"禹之决渎也，因水以为师"这句话，强调黄河流域生态保护和高质量发展要尊重规律，摒弃征服水、征服自然的冲动思想。在漫长发展进程中，中华民族高度重视人水和谐，在尊重自然规律、因势利导的基础上，建起了许多大型生态水利工程。以享誉世界的著名水利工程——都江堰为例。秦朝时期，李冰修都江堰，"乘势利导，因时制宜""深淘滩、低作堰"，分洪减灾、引水灌溉、航运和流送木材，都江堰水利系统形成了成都平原两千余年的优良耕作系统，奠定了"天府之国"的物质基础。都江堰充分利用当地西北高、东南低的地理条件，根据江河出山口的特殊地形、水脉、水势，乘势利导，无坝引水，自流灌溉，使堤防、分水、排洪、控流相互依存，共为体系，保证了防洪、灌溉、水运和社会用水的综合效益的充分发挥。中华人民共和国成立后，党和政府高度重视都江堰水利工程，当代其灌区面积已达千万余亩，远超任何历史阶段。在都江堰工程灌溉下，成都平原农业形态由旱作变为稻作，以稻作耕种为主。以稻作为主的水田湿地系统，对保护整个成都平原的生态，实现循环农业，持续产生积极的生态示范作用和产业引领作用。都江堰的创建，以不破坏自然资源，充分利用自然资源为前提，因势利导，变害为利，使人、地、天三者高度和谐统一，改善整个成都平原的生态环境。运行千年的都江堰水利灌溉工程至今仍发挥水利疏导、生态协调的作用,滋养着成都平原,是"因水以为师"的又一典范例证。

天分浙水应东溟，日夜波涛不暂停

原文

天分浙水应东溟，日夜波涛不暂停。千尺巨堤冲欲裂，万人力御势须平。

吴都地窄兵师广，罗刹名高海众狞。为报龙王并水府，钱江借取筑钱城。

——[五代]钱镠《筑塘》

释文

钱镠（852—932），字具美（或巨美），杭州临安人，唐代吴越王。他在位期间，曾征用民工，修建钱塘江海塘，并建立水网圩区的维修制度，修整西湖、太湖、鉴湖灌溉工程，促进了地方经济发展。此外，他还奖励通商，开拓海运，发展贸易。被当时两浙百姓称为"海龙王"。《筑塘》是一首七言律诗，描述了钱塘江潮水的壮阔景象以及修筑堤坝的艰辛。"天分浙水应东溟，日夜波涛不暂停"这一句的大意为：上天将浙江之水与东海相分，使得这里日夜波涛汹涌，从未停歇。这句诗既展现了自然之力的伟大，也反映了人们对治理水患、修筑水利工程的重视和决心。

评析

钱塘江古海塘历史悠久、规模宏伟，是中国古代著名水利工程之一，至今已有两千多年的历史。钱塘江古海塘作为人类水利工程的典型代表，是中华民族在长期治水实践中留下的弥足珍贵的文化遗产。建筑坚固的海塘工程才能有效阻挡海潮肆虐。古海塘工程的防潮功能明显，民众生产、生活得到显著提升。古海塘工程大规模修筑留下了宝贵的物质文化遗产，潮涌的产生更形成如涌潮诗词、潮神祭祀、铁牛镇海、造塔镇海、抢潮头鱼、塘工号子、观潮集市等独具地方特色的海塘文化。钱塘江筑塘捍潮的传统和历史孕育了"忠诚奉献、科学务实、勇立潮头"的钱塘精神，是"干在实处、走在前列、勇立潮头"的浙江精神。钱塘江古海塘作为大规模、持续建设的系统工程，其发展演变展现了农业文明时期人类与自然抗争并逐渐实现与自然和谐相处的发展历程，体现了中国文化尊重自然、顺应自然、追求人与自然和谐共进的独特治水观念。钱塘江海塘文化遗产作为人水关系、人地关系的表现形式，在社会发展中产生了积极影响。

水之为物，蓄而停之，何为而不害？决而流之，何为而不利？

原文

夫水之为物，蓄而停之，何为而不害？决而流之，何为而不利？

——[北宋]范仲淹《上吕相公并呈丞城咨目》

释文

范仲淹（989—1052），字希文。祖籍邠州，后移居苏州吴县（今属江苏省苏州市）。北宋时期杰出的政治家、文学家。范仲淹以天下为己任，也是治水之能臣。此句的大意是：水之为物，蓄而停之，之所以能"不为害"，是因为其具有包容与净化的特性；决而流之，之所以能"无不利"，是因为其具有滋养与柔弱胜刚强的特性。因此，水之为物，无论是蓄而停之还是决而流之，都能够发挥其独特的特性，为生态环境和生物带来益处。这句话体现了范仲淹以疏导为主的治水主张，也启示我们应该学习水的品质，效仿其包容、净化、滋养和柔弱胜刚强的精神，以更好地面对生活中的挑战和困难。

评析

《上吕相公并呈中丞咨目》是范仲淹在知苏州期间撰写的一篇关于水利治理的重要文献。该文创作于1035年，时值太湖汛期，"沦稼穑，坏室庐""观民患，不忍自安"，范仲淹实地考察之后，提出了以疏导为主的治水主张，详细描述了苏州地区水利问题的现状及解决方案，体现了范仲淹对民生问题的深切关注和卓越的治理能力。太湖流域地跨江苏省、浙江省和上海市，是长三角核心区域，也是我国人口最密集、经济最发达的地区之一。太湖是我国第三大淡水湖和长三角地区最重要的饮用水水源地。每年为江浙沪"两省一市"提供超过21亿立方米优质自来水水源。加强太湖流域保护治理，对于保障长江下游和长三角地区水安全及生态安全、推动长三角一体化发展和长江经济带共抓大保护具有重要意义。近年来，太湖流域以高品质生态环境有力支撑了经济社会高质量发展。全流域以0.4%的国土面积，创造了全国10%的经济总量，人均地区生产总值是全国平均水平的2倍以上。面向未来，持续提升太湖流域水安全保障能力意义重大,应当传承历史智慧、坚持和发展太湖治理经验,统筹完善顶层设计,科学指引流域水利一体化高质量发展;加快补齐短板,构建太湖流域高标准现代水利基础设施网络;精准提升太湖治理成效,打造长三角一体化人水和谐绿色生态名片,唱响新时代人水和谐共生"太湖美"。

筑堤束水，以水攻沙

原文

筑堤束水，以水攻沙，水不奔溢于两旁，则必直刷乎河底。

——[明]潘季驯《河防一览·卷十二并勘河情疏》

释文

潘季驯（1521—1595），初字子良，又字惟良，湖州府乌程县（今浙江省湖州市吴兴区）人。明朝中期官员、水利学家。"筑堤束水，以水攻沙，水不奔溢于两旁，则必直刷乎河底"是潘季驯提出的治黄理论。这一理论的核心在于通过筑堤来束缚河水，利用水的力量来冲刷河底的泥沙，从而防止河水泛滥和改道。具体而言，"筑堤束水"指的是在黄河两岸修建坚固的堤坝，将河水限制在一定的范围内流动。这样做可以增加河水的流速和流量，使其具有更强的冲刷能力。"以水攻沙"则是指利用河水的冲刷力量，将河底的泥沙冲刷走，从而保持河道的畅通。由于河水被堤坝束缚，无法向两岸泛滥,因此只能直接冲刷河底,这就是"水不奔溢于两旁,则必直刷乎河底"的含义。

评析

治黄百难,惟沙为首。黄河区别于其他江河的一个最大特点是沙多水少、水沙关系不协调。黄河多年平均年径流量580亿立方米,但输沙量却达16亿吨。它是世界上含泥沙最多的河流。21世纪以来,基于潘季驯的"束水攻沙"理论,当代水利人着眼于黄河泥沙的中国式现代化实践,开始了黄河"调水调沙"工作。"调水调沙"是立足现代水利工程和黄河下游河道过水能力基础,利用水的自然力,在一段时间内,通过逐步加大黄河水量的排泄,把沿途的泥沙向下推泄从而减轻河道淤积、实现冲洗或不淤、下游河床不抬高的治水活动。通过"调水调沙",将库区淤沙和河床淤沙冲入下游,输送入海,既保证了堤防不决口、洪水不泛滥,又减少了主槽河床的淤积,减轻了数百年来"悬河"的逼人态势。黄河"调水调沙"自2000年开始编制计划,2002年开展调水调沙实验,通过水库调蓄泄放,形成人造洪峰,加大了对下游河床的冲刷。截至2021年6月,黄河累计入海总沙量达28.8亿吨。得益于调水调沙,黄河下游河道沿线以及河口三角洲生态状况好转,取得显著的社会效益。

用水一利，能违数害

原文

故用水一利，能违数害。调燮阴阳，此其大者。

——[明]徐光启《农政全书》

释文

徐光启（1562—1633），字子先，号玄扈，上海人，明末科学家。徐光启所著《农政全书》是中国古代五大农书之一。全书内容分为农本、田制、农事、水利、农器、树艺、蚕桑、蚕桑广类、种植、牧养、制造和荒政共12目60卷。其中水利共有9卷，10余万字，占全书20%的篇幅，集中反映了徐光启对水利的高度关注及其治水主张。"用水一利，能违数害"这句话从字面上理解，"用水一利"指的是使用水所带来的好处或利益，比如灌溉农田、供应生活用水等；"能违数害"指的是在获取这一利益的同时，也可能遭遇多种害处或风险，比如过度用水可能导致水资源枯竭、不合理的用水方式可能污染水源、过度抽取地下水可能破坏地下生态系统等。因而,他进一步提出,"调燮阴阳,此其大者",即在利用水资源的同时,必须注重阴阳的调和,即平衡各种因素,以达到最佳效果。

评析

水安全是国家安全的重要组成部分,是生存发展的基础性问题。"故用水一利,能违数害"是在提醒人们,在利用水资源时,不能只看到其带来的利益,而忽视可能带来的危害。要坚持治水工程的辩证法,加快推进水利基础设施建设,全面提升水安全保障能力。在我国古代水利工程中,蕴含着丰富的辩证治水思想。比如,作为世界灌溉工程遗产的它山堰就是用水之"利"来防水之"害"的典型例证之一。据史料载,它山堰建成之前,鄞西平原一域"民不能饮,禾不能稼"。而落成后的它山堰阻咸蓄淡、抵御潮汐、引泄完整、滞蓄可靠,鄞西平原不再受咸潮侵袭,数千顷农田旱涝无虞,整个区域水环境、水生态得到极大改善,促进了该区域人口、商业和社会经济快速发展。如今,古老的它山堰依然与现代化水利工程上下联系,互相配合,形成了以皎口水库为龙头,它山堰为咽喉,鄞江排洪闸、节制闸为主体,南塘河堰坝、碶闸为脉络,首尾相应、引泄完整、滞蓄有制的水利网络工程。它山堰及其周围的现代水利工程,提升了御灾减灾能力,调节了该区域的水生态环境,确保了水安全。水利者,不外利用水之"利",同时防止水之"害"。我国古代水利工程中蕴含的治水智慧值得我们去传承和发扬。

兴水利，而后有农功

原文

兴水利，而后有农功，有农功，而后裕国。

——[清]慕天颜《慕中丞疏稿》

释文

慕天颜（1624—1696），字拱极，号鹤鸣，甘肃静宁州（今甘肃省平凉市静宁县）人，清代官吏。中国历代善治国者均以治水为重，通过兴修水利、治理江河，人们逐渐在平原地区居住，进而开拓疆土、繁衍人口、发展经济。"兴水利，而后有农功，有农功，而后裕国"强调了治水与农业经济发展和政治稳定之间的密切关系，发达的水利灌溉系统是农业文明发展、富国安邦的基础。中国农业发展史上一直注重兴修水利，关注民生发展。水利兴则国家强盛，反之，农田水利发展滞后将影响国家粮食安全，阻碍国家发展。

评析

  我国水资源时空分布极不均衡，水旱灾害多发频发重发。因此，兴水利、除水害一直是涉及国家长治久安的要事。以兴水助农助力乡村振兴为例。随着我国乡村振兴战略的深入推进，建设农田水利、兴水助农增产正成为助力乡村振兴的重要手段。农田水利是支撑乡村振兴的基础设施之一，对于促进农村产业结构的升级、农村经济的转型升级具有至关重要的作用。农村水利建设在促进农业现代化、增加农民收入、美化农村环境等方面发挥着重要作用。通过加强农村水利建设，可以增加农民收入、改善农村环境、促进乡村旅游等，从而实现乡村振兴的目标。兴水助农助力乡村振兴的启示如下：①巩固农村饮水安全脱贫攻坚成果；②优化农村供水工程布局；③强化农村供水工程运行管理；④完善防洪工程布局，实施防洪薄弱环节建设；⑤实施水利技术、人才等帮扶政策。推进乡村振兴过程中应做好水利安全保障工作。

惟地方水利为第一要务

原文

惟地方水利为第一要务。兴废攸系民生，修浚并关国计。故无论湖海江河，以及沟渠川浍，或因势疏导，或尽力开通。大有大利，小有小利，皆未可畏难惜费忽焉不讲者。

——[清]鄂尔泰 奏雍正《兴修水利疏》

释文

鄂尔泰（1680—1745），字毅庵。清朝雍正年间名臣，是清代水利专家。鄂尔泰在担任云南、贵州、广西三省总督期间，对云南的水利情况进行了深入调查。他刚到云南时，目睹了当地"跬步皆山，田少地多，忧旱喜潦，且并无积蓄，不通舟车，设一遇愆阳，即顿成荒岁"的艰难景象。因此，鄂尔泰非常重视云南的水利建设，认为水利是关乎民生和国计的大事，提出了"惟地方水利为第一要务"的观点。他强调，无论湖海江河，还是沟渠川浍，都应该根据地势进行疏导或开通，以造福百姓和国家。这一观点不仅体现了鄂尔泰对水利建设的高度重视，也反映了他作为一位水利专家的远见卓识。在他的推动下，云南的水利基础设施建设得到了大力发展，为当地的经济和社会发展奠定了坚实基础。

评析

我国水系发达，地方水利基础设施建设关系国家水利安全大局。以云南水利设施建设为例，云南境内河流众多，水资源丰富，各族人民在认识水、治理水、利用水、保护水的进程中不断进步，孕育、塑造和发展出独特的区域文明形态和流域文化。建设地方水利设施对水资源开发利用、解决水安全问题、维护区域边疆稳定，甚至跨境流域水安全有重要现实意义。

云南地理位置具有"连四省、邻四国"的地缘特点，境内按流域可分成六大流域，分属长江、珠江、红河、澜沧江、怒江和独龙江六大水系。其中珠江、红河发源于云南省境内。红河、澜沧江、怒江、独龙江为国际河流，分别流往越南、老挝和缅甸等国家，也统称为西南国际河流。为解决云南工程性缺水和民生水利所需，1912年，我国第一座水电站石龙坝水电站在昆明建成，会泽县娜姑镇上水洞成为国内最早的跨流域"以礼河流域进入小江流域"引水灌溉工程。21世纪以来，云南投入大量资源修建水利工程。以糯扎渡水库为例，糯扎渡水库是云南水库总库容最大的水库，总库容达到237亿立方米，相当于18个滇池的容量，目前为我国总库容十大水库之一，是澜沧江干流上的大（1）型水库。该水库位于普洱市思茅区和澜沧县交界处的澜沧江干流上，是一座以发电为主，兼顾防洪、供水等功能的水利枢纽工程。糯扎渡所在的水电站装有9台65万千瓦的发电机组，总装机容量达585万千瓦，是我国第七大水电站，为云南境内最大的水电站，是云南实施"西电东送"和"云电外送"战略的关键性工程。

一个目标、三个不怕、四个宁可

原文

要认真学习贯彻习近平总书记关于防汛防台抗旱的重要讲话重要指示精神,把"一个目标""三个不怕""四个宁可"等重要理念融入省防汛防台抗旱条例和实际工作中。

——《省政府召开第六十四次常务会议 郑栅洁主持》,《浙江日报》,2021年2月24日

释文

"一个目标、三个不怕、四个宁可"是习近平同志在浙江工作期间面对台风天气提出的防汛防台目标要求,成为浙江省秉持的防汛防台的精神理念。2004年8月12日,台风"云娜"正面登陆浙江温岭,这在当时是1956年来登陆中国内地的最强台风。时任浙江省委书记习近平坐镇指挥部署防御台风工作,首次提出一个目标即"不死人、少伤人"的防台目标。之后,面对"麦莎""桑美"强台风,习近平总书

记提出"四个宁可""三个不怕"的科学防台精神理念❶。浙江从此确立了"以人为本"的防台理念、"生命至上"的防台宗旨,不断探索完善科学防台举措,防灾减灾救灾能力持续提高。

"一个目标、三个不怕、四个宁可"总体概括为:不死人、少伤人、少损失的目标;不怕兴师动众,不怕劳民伤财,不怕十防九空;宁可十防九空,不能万一失防;宁可事前听骂声,不可事后听哭声;宁可信其有,不可信其无;宁可信其重,不可信其轻。

评析

浙江地处我国东南沿海、长江三角洲南翼,山区面积超七成,梅雨、台风和局地强对流天气多发。近年来,全球极端气候事件频发,浙江面临的洪涝台旱挑战增多,防汛防台形势严峻复杂,习近平总书记提出的"一个目标、三个不怕、四个宁可"精神理念,为浙江持续提升台风等灾害科学防控能力打下坚实基础。浙江一直秉持习近平总书记提出的防台救灾理念,坚持"人民至上、生命至上"的防汛防台基

---

❶ 周咏南,吉文磊,逯海涛:《宁可十防九空,不能万一失防》,《中国经济周刊》,2024年7月29日。

本原则，持续推动基层防汛防台体系建设与机制改革，不断优化防汛防台工作。在法规支撑上不断完善，2007年出台全国第一部集防汛防台抗旱于一体的具有浙江特色的地方性法规《浙江省防汛防台抗旱条例》(2021年修订)，随后又出台《浙江省防御洪涝台灾害人员避险转移办法》《浙江省人大常委会关于自然灾害应急避险中人员强制转移的决定》等。在防汛实践上不断优化指挥体系、预警能力，如创建防汛防台"1833"联合指挥体系，即以1个联合指挥部为核心统领，聚焦重点领域形成"8张风险清单"，以提示单、预警单、管控单"3张单"为管控手段，通过1条消息、1个电话、1次视频"3个一"手段叫醒关键人、激活全体系，持续提升统一指挥、整体协同、一体作战能力。坚持"以人为本"的防台理念、"生命至上"的防台宗旨，持续不断地深化改革，才能在一次次防汛防台的大战大考中交出人民满意的答卷。

要突出防御重点,坚决避免重大险情

原文

突出防御重点。要确保大江大河重要堤防、大中型水库、重要基础设施的防洪安全,努力减轻中小河流、山洪灾害、城市内涝和台风灾害损失。要针对江河圩堤洪水浸泡时间长、险情增加的情况,落实防汛巡查制度,加大查险排险力度。要加强薄弱地段、险工险段的重点防守,坚决避免大江大河发生溃口性重大险情。要全力做好南水北调、西气东输、重要铁路等重大设施防汛抢险相关工作。

——《坚决打赢防汛抗洪抢险救灾这场硬仗》,
《人民日报》,2016年7月21日

释文

2016年7月20日,习近平总书记在宁夏考察时主持召开东西部扶贫协作座谈会,专门就做好当前防汛抗洪抢险救灾工作发表讲话。他强调,"当前防汛抗洪抢险救灾形势非常严峻、任务非常繁重，要突出防御重点，确保大江大河重要堤防、大中型水库、重要基础设施的防洪安全。各有关地区、部门和单位要把确保人民群众生命安全放在首位，进一步行动起来，强化措施，落实责任，全力做好防汛抗洪抢险救灾工作。"[1]受全球气候变化和人类活动影响，近年极端天气事件呈现趋多、趋频、趋强、趋广态势，暴雨洪涝灾害的突发性、极端性、反常性越来越明显，流域发生大洪水的可能明显增加，防汛抗洪工作仍然面临巨大压力，突出防御重点，做好重要堤防、大型水库等防洪安全工作尤为重要。

评析

与长江经济带发展、黄河流域生态保护和高质量发展等国家战略对流域防洪的要求相比，堤防工程仍然是防洪减灾工程体系中的重要短板弱项。党的十八大以来，我国重点加强了堤防工程体系建设，先后实施了长江流域退田还湖、黄河下游防洪治理、淮河行蓄洪区调整和建设、嫩江松花江干流治理、辽河干流堤防加固、太湖环湖大堤加固、西江干流治理等一批流域堤防建设工程。经过长期持续建设，长江流

---

[1] 陈雷：《坚决打赢防汛抗洪抢险救灾这场硬仗》，《人民日报》，2016年7月21日。

域中下游3900公里干流堤防全线达标；黄河流域下游标准化堤防建设基本完成；淮河治理取得重大成就，干流1级和2级堤防基本达标；海河堤防工程建设陆续实施；珠江、松花江、辽河重要堤防建设基本完成；太湖环湖大堤基本全线达标。大江大河流域已基本形成覆盖全流域、大中小河流的堤防工程体系，重点防御工程得以巩固，有效保护了群众生命财产安全。

大力增强水忧患意识、水危机意识，重视解决好水安全问题

原文

全党要大力增强水忧患意识、水危机意识，从全面建成小康社会、实现中华民族永续发展的战略高度，重视解决好水安全问题。

——《习近平关于社会主义生态文明建设论述摘编》

释文

水危机包括水资源短缺、水生态损害、水环境污染等水安全问题。水危机的形成分为自然因素，人为因素。水资源存储量有限，分布不均，全球气候变化，是产生水危机的自然因素。人口的激增，生态环境的破坏，不合理的开发利用，以及严重的水污染，加剧水危机的程度，是产生水危机的人为因素。用水需求与有限供给之间的差距不断扩大。多年来，水资源短缺、水污染以及洪水制约了中国很多地区

的经济增长，影响了公众的健康和福利。20世纪70年代以来，全球化进程加快导致了水资源短缺和水环境污染问题越发突出。进入21世纪，水资源危机引发的社会矛盾和暴力冲突仍呈现上升趋势。在未来，水资源短缺可能成为人类最大的危机之一，而人与自然之间的环境问题可能演变成人与人之间为了赖以生存的水资源互相争斗的社会问题。习近平总书记从可持续发展的角度以对人民群众和子孙后代负责任的态度，提出的增强水忧患意识为导向，解决好水安全问题，不仅符合国情水情，更顺应民心众意。

评析

水是人类生存发展的物质基础，水安全是生态安全的基础和支撑，与经济安全和公共安全紧密联系。水安全关系国家长治久安，要从人民和国家的高度看待水安全问题。由于经济与人口持续增长，在现行工业化和城市化的模式下，我国水资源的压力将会进一步加大，用水需求与有限供给之间的差距不断扩大，大面积污染造成水质恶化，引发缺水危机。水资源短缺关系着人民的生存和健康，关系着国家的可持续发展。解决潜在的水危机，须改革和加强水资源管理体制，建立和完善与市场经济体制的总体战略相适应的水安全管理措施。具体应包括：改善水治理；加强水权管理；建立水市场；提高水定价的效率与公平性；控制水污染，提高突发污染事件的应对能力，积极预防水污染灾害的发生等。

做好防汛救灾工作十分重要

原文

防汛救灾关系人民生命财产安全，关系粮食安全、经济安全、社会安全、国家安全。

——《中共中央政治局常务委员会召开会议 研究部署防汛救灾工作 中共中央总书记习近平主持会议》，《光明日报》，2020年7月18日

释文

水灾多发是我国的基本国情，由于显著的季风性气候和复杂的地形地貌影响，导致我国水资源时空分布不均，无论是汛期还是非汛期，绝大部分地区都遭受过或大或小的水灾，造成人民群众生命财产重大损失，防汛救灾工作关系国计民生。党的十八大以来，习近平总书记每年召开专门会议研究全国防汛救灾工作，并就防汛救灾工作作出重要指示，提出若干防汛救灾工作要求，如要求各级领导干部坚持人民

至上、生命至上的理念；要求各级各部门和党员干部在防汛救灾的具体工作中将人民放在首位，不惜一切代价保护人民群众生命财产安全；还要求对一切漠视人民利益、辜负人民信任的党员干部进行问责等[1]。习近平总书记关于防汛救灾工作的重要论述是习近平新时代中国特色社会主义思想的重要组成部分，是我国新时代水灾治理的重要遵循。

评析

我国未来的防汛救灾工作，要在习近平总书记关于防汛救灾工作重要论述指引下，将党的领导和以人民为中心的发展思想放在首位。在核心立场上，始终坚持人民至上、生命至上的防汛救灾理念；在工作原则上，全面贯彻统筹兼顾、综合治理的防汛救灾要求；在具体方法上，持续构筑人防、物防、技防"三位一体"防汛救灾格局。针对目前防汛救灾工作的经验与不足，可给我们带来如下启示：①构建上下贯通、左右协调、横向到边、纵向到底的防汛救灾工作体制；②号召广大人民群众在接续奋斗中弘扬伟大抗洪精神，积极发挥我国在全球防汛救灾体系中的重要作用；③持续构筑人

---

[1] 参见《人民至上、生命至上，习近平总书记这样指示防汛救灾工作》，新华网，2024年7月21日。

防、物防、技防"三位一体"防汛救灾格局,从人防、物防、技防三方面着手三防合一;④加快全国防汛救灾领域先进技术装备的标准化进程,形成"天、空、地"一体化防汛救灾技防系统。

宁可备而不用，不可用时无备

原文

各有关地区都要做好预案准备、队伍准备、物资准备、蓄滞洪区运用准备，宁可备而不用，不可用时无备。

——《中共中央政治局常务委员会召开会议 研究部署防汛救灾工作 中共中央总书记习近平主持会议》，《光明日报》，2020年7月18日

释文

习近平总书记提出的"四个准备"展现对防汛救灾工作的高度重视和前瞻性思考，是对应急管理体系与能力建设的具体要求。提前做好充分准备，谋划预防措施，以确保应急所需。其中，预案准备指提前制订详细的防汛预案、应急预案等，包括可能出现的各种情况和相应的应对措施，确保在紧急情况下能够迅速、有效地应对；队伍准备指组

建专业的防汛队伍,进行必要的培训和演练,确保在关键时刻能够迅速投入战斗;物资准备指储备足够的防汛物资,如沙袋、铁铲、救生衣、救生艇等,以备不时之需;蓄滞洪区运用准备指对蓄滞洪区拟订群众安全转移方案,加强工程检测等。"宁可备而不用,不可用时无备"体现了鲜明的人民立场,迎战洪水、守护家园,归根结底是为了以万全准备防万一发生,尽最大努力保障人民群众生命财产安全[1]。

评析

在面对可能发生的洪水灾害时,提前做好各项防汛准备工作至关重要。早谋划早动手提前做好防汛准备工作,树立应对灾害的有效安全屏障。应备尽备,有备无患,做到"手中有粮,心中不慌"。应对汛期灾情,从中央到地方,各级主管部门及专业应急队伍等,须提前安排部署、未雨绸缪,做好预案、队伍、物资、蓄滞洪区运用等各方面准备,尽最大努力确保人民生命财产安全。目前,全国共有98处蓄滞洪区,总面积近3.4万平方公里,涉及人口约1656万、耕

---

[1] 张楠:《宁可备而无用 不可用时无备》,《中国应急管理报》,2020年7月20日。

地约2590万亩[1]。2023年,海河流域大陆泽、宁晋泊、小清河分洪区、兰沟洼、东淀、献县泛洪区、永定河泛区、共渠西蓄滞洪区等8处蓄滞洪区相继启用滞洪,滞洪区域涉及北京、天津、河北三省(直辖市)。8处蓄滞洪区发挥分洪滞洪作用,大大减轻了京津冀地区防洪压力,最大限度减少洪水对全流域的影响[2]。应进一步加强蓄滞洪区的建设管理,提高蓄滞洪区防洪能力,科学用好蓄滞洪区这张"底牌",对应对海河流域防汛大考尤为重要。

---

[1] 胡德胜,郭云鹏,左其亭:《加强建设和管理工作,实现蓄滞洪区高质量发展》,《中国发展》,2023年第5期。

[2] 韩梅,王音,李保健:《八处蓄滞洪区相继启用,助力海河流域分蓄超额洪水》,《北京日报》,2023年8月3日。

有效保护居民饮用水安全，坚决治理城市黑臭水体

原文

中共中央政治局 2021 年 4 月 30 日下午就新形势下加强我国生态文明建设进行第二十九次集体学习。中共中央总书记习近平在主持学习时强调，要深入打好污染防治攻坚战，集中攻克老百姓身边的突出生态环境问题，让老百姓实实在在感受到生态环境质量改善。要坚持精准治污、科学治污、依法治污，保持力度、延伸深度、拓宽广度，持续打好蓝天、碧水、净土保卫战。强化多污染物协同控制和区域协同治理，加强细颗粒物和臭氧协同控制，基本消除重污染天气。要统筹水资源、水环境、水生态治理，有效保护居民饮用水安全，坚决治理城市黑臭水体。

——2021 年 4 月 30 日，习近平在十九届中央政治局第二十九次集体学习时的讲话

释文

水污染仍然是我国最严重的环境问题之一,威胁生态环境系统健康发展。水污染包括病原微生物污染,需氧有机物污染,富营养化污染,恶臭、有毒化学物污染。水污染来源于工业废水、生活污水、医院污水、农田水的径流与渗透,废物堆放等。我国江河湖泊普遍遭受污染,全国75%的湖泊出现不同程度的富营养化,90%的城市水域污染严重。我国在污水防治方面做了大量工作,但水环境恶化仍未能得到有效控制,水污染问题已成为威胁人民、制约社会经济发展的重要因素之一,问题严峻。"十四五"时期,我国生态文明建设进入了以降碳为重点战略方向、推动减污降碳协同增效、促进经济社会发展全面绿色转型、实现生态环境质量改善由量变到质变的关键时期。需统筹污染治理、生态保护、应对气候变化,促进生态环境持续改善,努力建设人与自然和谐共生的现代化。

评析

城市,尤其是大城市,地域狭小,人口密度大,生产活动集中,取水集中,工业集中,水污染问题尤为严重。有效的水污染控制有利于保护自然环境和人类健康,改善多种用途的水质及缓解水资源短缺。尽管污水处理率近年来稳步上升,但是大量污水仍在未经处理的情况下直接排放。水污染增加了饮用水、工业及商业用水的处理成本,造成巨大损失。人民需要天蓝水清的生态环境,迫切要求解决水资源短缺、水生态损害、水环境污染等问题。水治理是一项综合且重大的民生工程,不仅能确保人民群众喝到干净的水和享受良好的水生态环境,而且能通过让人水相近、相亲、相融增强人民群众的安全感、获得感和幸福感。习近平总书记关于治水重要论述不仅为正确认识、合理开发和系统治理水提供了有力指导,也为优化配置、全面节约和高效保护水资源提供了方法遵循。

切实维护南水北调工程安全、供水安全、水质安全

原文

南水北调工程是重大战略性基础设施，功在当代，利在千秋。要从守护生命线的政治高度，切实维护南水北调工程安全、供水安全、水质安全。吃水不忘挖井人，要继续加大对库区的支持帮扶。要建立水资源刚性约束制度，严格用水总量控制，统筹生产、生活、生态用水，大力推进农业、工业、城镇等领域节水。要把水源区的生态环境保护工作作为重中之重，划出硬杠杠，坚定不移做好各项工作，守好这一库碧水。

——《深入分析南水北调工程面临的新形势新任务科学推进工程规划建设提高水资源集约节约利用水平》，《人民日报》，2021年5月15日

释文

南水北调是我国的战略性工程，是解决中国北方水资源

严重短缺局面的重大战略基础设施，分东线、中线、西线3条调水线，总长度达4350公里，工程规划区涉及人口4.38亿人。截至2024年5月，南水北调东中线一期工程累计调水突破700亿立方米（含东线一期北延应急供水工程），相当于黄河多年平均天然径流量的1.5倍，沿线7省（直辖市）1.76亿人从中受益。东中线一期工程沟通长江、黄河、淮河、海河四大江河，已成为沿线城市供水生命线，有力保障了沿线广大人民群众生产生活用水，促进了产业结构调整，确保了受水区经济社会高质量发展。南水北调工程是实现中国水资源优化配置、促进经济社会高质量发展的重大战略性基础设施。党的十八大以来，党中央统筹推进水灾害防治、水资源节约、水生态保护修复、水环境治理，建成一批跨流域跨区域重大引调水工程，在经济社会发展和生态环境保护方面发挥了重要作用。

评析

我国基本水情一直是夏汛冬枯、北缺南丰，水资源时空分布极不均衡，不同地区存在很大差距。我国北方人均水资源拥有量只有757立方米，不到南方的1/4，约为世界平均水平的1/11，低于通常界定为"水资源"的阈值水平1000立方米，南水北调工程是缓解北方用水困难的重大工程，工程措施惠及北方诸多城市和民众。南水北调工程作为国家水网主骨架和大动脉，对保障国家水安全意义重大。通过3条调水线路与长江、黄河、淮河和海河四大江河的联系，可逐步构成以"四横三纵"为主体的总体布局，形成我国巨大的水网，基本可覆盖黄淮海流域、胶东地区和西北内陆河部分地区，有利于实现我国水资源南北调配、东西互济的合理配置格局。由此，维护好南水北调工程安全尤为重要，与此同时，南水北调的供水安全、水质安全仍需高度重视。

水质保护是头等大事，确保一渠清水向北送，需要深入打水源地水质保护攻坚战，推进水源地规范化建设，加强水质监测，提高预警预报能力，加强水环境状况评估等，切实保障水源地水质安全。

国家水网是保障国家水安全的重要基础和支撑

原文

当前,我国踏上了全面建设社会主义现代化国家、向第二个百年奋斗目标进军的新征程,实现中华民族伟大复兴正处于关键时期,需要有坚实的水安全支撑和保障。我国经济已转向高质量发展阶段,推动经济体系优化升级,构建新发展格局,迫切需要加快补齐基础设施等领域短板,实施国家水网重大工程,充分发挥超大规模水利工程体系的优势和综合效益,在更高水平上保障国家水安全,支撑全面建设社会主义现代化国家。

——《国家水网建设规划纲要》

释文

国家水网是以自然河湖为基础,引调排水工程为通道,调蓄工程为结点,智慧调控为手段,集水资源优化配置、流域防洪减灾、水生态系统保护等功能于一体的综合体系。中华人民共和国成立以来，党领导人民开展了波澜壮阔的水利建设，建成了世界上规模最大、范围最广、受益人口最多的水利基础设施体系，成功战胜了数次特大洪水和严重干旱，为保障人民群众生命财产安全、促进经济社会平稳健康发展提供了重要支撑，为新时代构建国家水网奠定了重要基础。立足新发展阶段、贯彻新发展理念、构建新发展格局、推动高质量发展，建成社会主义现代化强国，满足人民群众对美好生活的新期望，迫切需要构建现代化、高质量的水利基础设施体系，构建国家水网十分必要和紧迫。

评析

加快构建国家水网，建设现代化高质量水利基础设施网络，统筹解决水资源、水生态、水环境、水灾害问题，是以习近平同志为核心的党中央作出的重大战略部署。习近平总书记多次研究国家水网重大工程，强调水网建设起来，会是中华民族在治水历程中又一个世纪画卷，会载入千秋史册。2023年5月25日，中共中央、国务院印发《国家水网建设规划纲要》，这是我国水利发展史上具有重要里程碑意义的大事。水利部门要切实增强国家水网建设的使命感责任感，充分认识加快构建国家水网是推进中国式现代化的必然要求、是更高标准筑牢国家安全屏障的必然要求、是推进生态文明建设的必然要求；要开拓进取、苦干实干，加快构建国家水网建设总体布局，着力构建国家水网之"纲"、着力织密国家水网之"目"、着力打牢国家水网之"结"；要加快完善国家水网建设体系构造，包括完善水资源配置和供水保障体系、流域防洪减灾体系、河湖生态系统保护治理体系，以功成不必在我的精神境界和功成必定有我的历史担当推动国家水网高质量发展，为全面建设社会主义现代化国家、以中国式现代化全面推进中华民族伟大复兴作出更大贡献。

水安全保障事关中国式现代化建设全局

原文

新时代水安全保障事关战略全局、事关长远发展、事关民生福祉，我们必须从国家安全的战略高度，充分认识新老水问题交织带来的水安全挑战。

——水利部编写组：《深入学习贯彻习近平关于治水的重要论述》，人民出版社，2023年，第59页

释文

水安全保障是指确保所有人在所有时间都能够获得足够、安全、可负担和可接受的水，以满足其生活、卫生、饮用和经济需求。它涉及从保护水源到确保水质安全、防止水资源污染、管理水资源风险（如洪水、干旱等极端天气事件的风险）等一系列活动。水安全保障不仅包括物理上的水量足够，还包括水的质量、可获取性以及水资源管理的可持续

性。随着新一轮科技革命和产业变革加速演进,新兴科技快速发展,各种新技术、新应用不断涌现。党的二十大报告提出,全面建成社会主义现代化强国。新科技革命浪潮下对新时代水安全提出新的要求,水安全保障应与中国式现代化发展相适应,水安全保障事关中国式现代化建设全局。

评析

安全是发展的前提,发展是安全的保障。要切实增强忧患意识,坚持底线思维,加快推进水利治理体系和治理能力现代化,为中国式现代化提供坚实水安全保障。

(1)加快智慧水利建设,以智慧水利建设提升水利治理数字化、网络化、智能化水平,驱动水利现代化发展。

(2)加强数字孪生、大数据、人工智能等新一代信息技术与水利业务的深度融合,加快数字孪生流域建设。

(3)贯彻落实《国家水网建设规划纲要》,加强国家水网建设,"到2035年,基本形成国家水网总体格局,国家水网主骨架和大动脉逐步建成,省市县水网基本完善,构建与基本实现社会主义现代化相适应的国家水安全保障体系。"[1]

---

[1] 中共中央 国务院印发《国家水网建设规划纲要》,中国政府网,2023年5月25日。

（4）加快饮水、用水等水安全体系建设。

（5）全面提升水资源统筹调配能力、供水保障能力、战略储备能力。

总之，水安全保障工作应从整体着眼，与新兴科技产业相结合、相支撑，既有效服务于现代化建设所需，又积极汲取现代化技术产业成果丰富水安全保障体系，更好服务国家发展战略，保障国计民生。

第五篇
水文化

2020年11月14日,习近平总书记在全面推动长江经济带发展座谈会上发表讲话,明确提出:"要把修复长江生态环境摆在压倒性位置,构建综合治理新体系,统筹考虑水环境、水生态、水资源、水安全、水文化和岸线等多方面的有机联系,推进长江上中下游、江河湖库、左右岸、干支流协同治理,改善长江生态环境和水域生态功能,提升生态系统质量和稳定性。"❶这是国家层面第一次明确提出"水文化"的概念。水文化是中华优秀传统文化的重要组成部分,具有悠久的历史和深厚的底蕴,在人类社会早期,水文化已

---

❶ 南通大学江苏长江经济带研究院课题组:《"铁腕治江"铸合力 守护长江美丽岸线——长江经济带岸线治理研究报告》,《光明日报》,2020年12月14日。

经开始孕育、发展和形成了,女娲补天、精卫填海、大禹治水等神话传说都蕴含着朴素的水文化思想。一般而言,我们所说的水文化,主要是指人类在认识水、治理水、保护水、开发水等涉水实践中形成的物质、技术和精神文化的总和。建立在丰富实践基础上的水文化,表现形式自然是多种多样,有先秦诸子对自然之水的哲学思考,有治水先贤们对抵御水患灾害的治水智慧结晶,有史家哲人对人水关系的反思与比拟,还有人民群众对治水经验的积累与总结……它们共同构建了丰富的水文化知识体系。

上 善 若 水

原文

上善若水。水善利万物而不争，处众人之所恶，故几于道。居善地，心善渊，与善仁，言善信，政善治，事善能，动善时。夫唯不争，故无尤。

——[春秋]老子《道德经》

释文

先秦诸子很关注人与自然的关系，大自然是先贤们思想产生的物质基础，如道家说"道法自然"，这一观点成为老子最重要的哲学思想。在人与自然的关系中，诸子尤其重视人与水的关系，以水比拟人生哲理成为一个共同的现象，因此，诸子对人水关系的论述非常多。在老子看来，自然之水天然具有许多的优点，如柔弱，无固定的形状，可以随势而变；向低处流体现水的谦逊和包容。这里所说的"上善若水"，正是基于对水的自然特性的理解及进一步升华。"善"

是人类最基本、最重要的品性,但人并不仅限于"善",还可以继续修炼、提升到更高层级,若能达到最高境界,即为"上善"。何为"上善"?具体来说,就应该如水一般,具有博大、包容、谦逊的胸怀,泽被万物而不争名利,不仅不争,且待在众人都不喜欢的地方。这是老子从"水"中悟出的人生哲理,他甚至认为水的这种品性已经近乎于"道"了。可见,老子对自然之水所能代表的人的品性表达出高度的赞许。

评析

传承与创新在今天已经成为如何对待中华优秀传统文化的基本共识。有学者指出:在任何时代,文化传承与创新都是相互关联、互为前提的文化使命,一方面,文化传承最重要的目的是更好地进行文化创新;另一方面,只有在传承基础上的文化创新,才是一种有根基、有内涵、有生命力的创新,才能保持文化的个性、独立性与价值。只有正确认识与处理文化传承与创新的辩证关系,才能把握住一个时代文化发展的正确方向[1]。

---

[1] 泓峻:《把握文化传承与创新的辩证关系》,《中国社会科学报》,2023年6月8日。

"上善若水"蕴含深刻的哲学思想，是古圣先贤智慧的结晶，需要大力弘扬传承。但这种传承不能仅是"知之"，更应该"践行之"，把思想转化为行动，才是真正的传承。因此，如何持善心、行善举、做善事，才是关键。老子的这一经典论述，对当下的我们而言，至少可以在两个层面上传承：第一层，传承祖辈先贤确立的人与自然的和谐关系与理念。古代先贤们乐山爱水，从自然中得到启示，反思人与自然的关系，这种从山水自然中感知人生、体悟哲理的传统，是中国古代传统哲学、文学、艺术、宗教的重要来源，是中国传统文化生发的起点。随着互联网技术的进步，人类与虚拟世界的关联多于和真实自然的关联，人类对自然、对他者越发疏远，导致人与自然、人与人之间的关系日益异化。回归自然，重新调整人与自然的关系，可能是在经历一个阶段的异化关系之后，破解现代病的一种"解药"。第二层，传承利万物而不争之"善"念。善，对个体、对社会都极为重要，是社会良性运转的思想基础。无论是中华优秀传统文化，还是社会主义核心价值观，归根到底，都以"善"为最核心要素，所有的社会建设和营造努力最终都是要形成秉持善念、怀有善意的社会文化环境。

若以水济水，谁能食之？

原文

若以水济水，谁能食之？若琴瑟之专壹，谁能听之？同之不可也如是。

——[春秋]左丘明《左传》

释文

左丘明（约前556—约前451），一说复姓左丘，名明；一说单姓左，名丘明；一说姓丘，名明。春秋末期史学家、文学家、思想家、散文家。这句话是《左传》中记录的齐国上大夫晏子关于"和"的一段话中的一句。习近平总书记于2014年3月27日在联合国教科文组织总部的演讲中引用了此句❶，意思是：如果用清水来给清水增加味道，谁能喝得下去？如果只是一琴或一瑟，谁能听得下去？比喻要听不同

---

❶ 习近平：《习近平谈治国理政》第一卷，外文出版社有限公司，2018年，第261-262页。

的声音，吸收不同的文化。中国人早就懂得了"和而不同"的道理。为了讲清楚这个道理，左丘明拿水打比方。水是为所有人都熟悉的事物，拿水作比喻浅显易懂。他指出"和"与"同"的差别，"和"是包含了不同而又能共存的"和谐"，而"同"则是无差异地附和、盲从、照搬。

评析

全球化时代，你中有我，我中有你，不同的思想文化交流融合。进入 21 世纪，互联网技术迅猛发展，进一步促进了人类交往、交流，在现实世界和虚拟世界里，各种不同的声音和观点同时存在、互相碰撞，世界更加多样，因而需要更加包容的心态和社会环境来面对各种不同。和而不同，是尊重差异性基础上的包容，即在多样性的基础上实现和谐共处，是一种重要的价值观和生活态度。费孝通先生曾说过："从某种意义上可以讲，文化自觉就是在全球范围内提倡'和而不同'的文化观的具体表现。"[1] 在多元的世界里，尊重差异是文明、进步的体现，个体、国家、社会都应该具有包容差异的胸怀和理念。尊重差异，其实也是尊重自己，

---

[1] 费孝通：《中华文化的重建》，华东师范大学出版社，2014 年，第 188 页。

"差异"是以"我"为中心的不同存在,从"他"的视角,"我"亦为"差异"。因此,不同的个体、国家、社会,既是共同体,也是差异体,差异蕴含在共同体之中才是"和而不同"。

历史上文化灿烂辉煌的时期,都是以文化的多样性存在,不同文化的交流、融合、吸纳为前提的。今天,我们生活在一个更加复杂、多元的世界里,尤其需要继承古人"和而不同"的智慧,来化解今天人类所面临的困境。对世界而言,构建人类命运共同体需要不同文明、不同国家之间"和而不同"。对国家而言,同样需要秉持"和而不同"的理念。对外,尊重不同的制度和文明;对内,尊重不同群体、不同民族的文化差异,接纳不同意见,包容不同的思想。对社会而言,则要有更大的弹性空间,允许有不同声音的存在,尊重社会成员不同的文化选择。一直到今天,世界上仍有一些地区冲突不断。要追求世界永久和平,必须要能够容得下各种各样的"不同"。在这个意义上说,"和而不同"可能是我们为世界和平发展提供的中国智慧和中国方案。

水一则人心正,水清则民心易

原文

是以圣人之化世也,其解在水。故水一则人心正,水清则民心易。一则欲不污,民心易则行无邪。是以圣人之治于世也,不人告也,不户说也,其枢在水。

——[春秋]管仲《管子·水地》

释文

所谓"水一",是指水的成分并非杂多的,含有很多杂质的,而是纯一的,纯洁的;所谓"水清",是指水的性质并非混浊的,而是清洁的、透明的。这句话的意思是说,人们的思想像水那样纯正专一,就会端正;民众的心灵像水那样清澈干净,就会变好。管仲在这里强调的是人心与水的关系,如果再结合原文,不难理解管仲认为圣人治理社会的关键,既用不着去告诫每一个人,也用不着去劝说每一家,其核心在"水",只要能掌握"水"的性质就可以了。

评析

水,不仅是中国传统哲学思想的源泉,也是治国理政思想的根源。春秋时期是中国历史上百家争鸣、思想活跃、人才辈出的一个时期,涌现出了很多思想家,他们在各个领域都提出了许多重要思想,而且还向外推广、践行自己的思想。其中,管仲不仅是著名的政治家,还是出色的水利专家,他在水利、水文等方面有诸多的论述。《管子》中《立政》《乘马》《水地》《度地》《地员》等篇目均谈到了对水的认知,对水利工程施工时节、民工安排、工程取土、水质分析、土质分析等方面都有论述。特别是管仲提到"善为国者,必先除其五害"。所谓"五害",水是一害,旱是一害,风雾雹霜是一害,瘟疫是一害,虫是一害,共称五害。五害之中,以水害为最大,清除五害,国家就可以管理好。可见,2000多年前管仲就已经充分认识到治国必先治水的道理。如此真知灼见,既可以将中国治水思想的根源追溯到更为久远,更给今人的治水、治国、治理社会带来很多启迪。

《管子》的治国理政思想中,具有重要现代意义的部分便是其生态思想。虽然管仲当时并未明确提出"生态"的概念,也不成体系,且与今天所说的"生态思想""生态文明"相比,有其局限性,却提供了一个今人并不重视、甚至已经忽略的视角来认识生态保护的意义。不可否认，今天对保护生态的取向更偏重为人类创造一个更为健康的自然环境，提供人类生存所需要的没有污染的空气、水，缺少生态与人性之间关系的理性思考，甚至片面地认为人的品行、社会风气、精神文明等均是社会环境塑造的产物，与后天的教育有关。但《管子》告诉我们，水不但是孕育生命万物的根基，也是产生美与丑、贤良与不肖、愚蠢与俊秀的基础条件，包括人的形貌、性格、品德、习俗等都与水密切相关。因此，管仲强调"人与天调，然后天地之美生"。这里所说的"天地之美"，显然不仅是自然意义上的美，也包括了"人心正""民心易"这样的民风之美，还包括整个社会风清气正、人民安居乐业、国家政通人和的善治之美。因此，水文化、水哲学带给我们的是对人与自然关系的更深层的思考和认知。

水因地而制流，兵因敌而制胜

原文

夫兵形象水，水之形，避高而趋下，兵之形，避实而击虚。水因地而制流，兵因敌而制胜。故兵无常势，水无常形，能因敌变化而取胜者，谓之神。

——[春秋]孙武《孙子兵法》

释文

孙武（约前545—约前470），字长卿，齐国乐安（今山东省）人，春秋时期军事家。这段话的意思是：用兵的规律如流水的规律。流水的规律是避开高处趋向低处；用兵的规律是避开实处攻击虚处。水流根据地形决定流向，用兵根据敌情采取制胜方略。以流水喻用兵，将水的比拟范围扩大到军事领域，也再次印证了水在中国先秦思想家心目中的独特地位。

评析

孙子认为用兵打仗应该像流水一样，碰到坚实之处能够主动躲避，遇见空虚之处能够自动去填补，这样才能够有效地保全自身的力量。故此，作战没有固定的方式方法，就像水没有固定的形态。如果用兵者能够根据情势变化而取胜，就称得上用兵如神。这是针对军事而言，用兵在很多方面和流水非常相似，参透流水的规律，就能够准确理解《孙子兵法》的精妙之处。如果单从军事角度而言，中国革命取得胜利也同样受益于这部兵书。据有关专家学者研究，毛泽东同志在革命生涯中曾要求购买《孙子兵法》，"买回的《孙子兵法》很快到了陕北，毛泽东如饥似渴地拿来学习。此后不久，在1936年12月撰写的《中国革命战争的战略问题》中，他第一次直接引用了《孙子兵法》中'谋攻''军争'等篇中的内容，《孙子兵法》中'知己知彼''因敌而制胜''避实而击虚''我专而敌分'等精髓要义也被毛泽东灵活运用到战争指导实践中，从而取得了一个又一个军事胜利。"[1]

实际上，孙子这段"兵水之论"对现代社会的价值远

---

[1] 李明：《毛泽东指名购买〈孙子兵法〉》，《学习时报》，2018年10月3日。

不止于此。有人将其运用到商业竞争中，运用到其他日常生活实践中，而且对于我们今天大力倡导的"创造性转化和创新性发展"极富启发意义。即使军事理论的研究者也认为："只有正确理解和运用《孙子兵法》的辩证思维和基本原理，才能做到守正创新。北宋时期兵学理论家何去非的一段话十分有启迪意义，'不以法为守，而以法为用，常能缘法而生法，与夫离法而会法'。意思是说，不要把兵法原理当作教条，而要结合实际情况来灵活运用这些原理，与时俱进，在原有理论的基础上发明新的理论、新的战法……"[1] 正因为如此，《孙子兵法》在今天的和平时期仍然受到热捧，其中最主要的原因，或者说这部兵书的核心价值在于，它能够为现代社会开阔视野，打破固有的思维定势，提供思维上的突破和超越。而其中以水喻兵的手法和论述，则同样在告诉当代人，兵法思想的精妙同样来自自然之深邃和人类对自然的观察、理解。

---

[1] 侯昂妤，李元鹏：《〈孙子兵法〉的时代价值和现实意义》，《光明日报》，2023 年 11 月 12 日（军事版）。

人性之善也，犹水之就下也

原文

水信无分于东西，无分于上下乎？人性之善也，犹水之就下也。人无有不善，水无有不下。今夫水，搏而跃之，可使过颡；激而行之，可使在山。是岂水之性哉？其势则然也。人之可使为不善，其性亦犹是也。

——[战国]孟子《孟子·告子上》

释文

孟子（前372—前289），姬姓，孟氏，名轲，与孔子并称"孔孟"，战国时期邹国（今山东省邹城市）人。战国时期儒家思想代表人物之一，中国古代思想家、哲学家、政治家、教育家。《孟子》是中国古代儒家经典之一，其思想贯穿于中国传统文化中。孟子的思想观点中广为人知的莫过于"性善论"。这里孟子以水喻人性，实际上表达的正是这一思想。他认为人的本性是善良的，如同水自然向下流。人的本性没有不善良的,就像水没有不向下流的一样。在对人性的理解和表达上,孟子与老子一样,从对水的观察和理解中得到启示,以水的特征来阐释人性中善的品性,把自然之水的特性与人最重要的品性相类比,成为诸子共同的思维和认知。这种论述反映古人对水的深度理解,超越了其自然属性,赋予水以最质朴、最高尚的特性,这既是古人的自然观,也是古人的人性观。

评析

善,作为人的本性,犹如水的自然特性一样,但这种天性并非与外部环境无关,外部环境会对人性产生影响。正是因为后天环境会对人的性情产生深刻影响,所以孟母为了给孟子创造一个好的成长环境才不得不"三迁"。每个人的内在都有善的品性,只要给予正确的引导和教育,就能发挥出人性的光辉。但如果一个人的外在环境改变了,那么其善良的本性就会受到考验。

今天,我们无须再去争论性善论还是性恶论。从孟子的观点看,所谓天性是自然赋予的,但天性不是绝对一成不变的。长期以来,人们对孟子的"性善论"可能更多的是望文生义、一知半解。实际上,孟子借助水完整地叙述了人性与环境的关系。对于人的向善的天性,首先是尊重。人类社会发展到今天，改变自然环境的能力前所未有的强大，但这种改造能力并非无所不能，需要我们对天性多一些尊重。唯有尊重天性，才能客观认识它，才能根据天性充分发展个体。其次是保护，现代教育中有一个非常重要的理念，就是保护天性，就如同在经过四十多年的飞速发展之后，我们树立了新的生态文明思想，对自然有了更加进步的认识一样。保护人的天性，是因为这种天性是最宝贵的，一旦破坏就无可挽回，保护天性其实是保护人的潜力，让人在一种更加自然的状态下得到更好的成长，这与保护生态的内在逻辑是完全契合的。甚至可以说，孟子的哲学思想中，作为"物质"的水与代表天性的"善"是一体的。最后是回归，回归天性，是人类社会跌宕起伏、风云变幻之后的必然选择。人生的起起落落，无论荣华富贵，还是穷困潦倒，历尽沧海桑田，终归是回到人之为人的原点，成善念，得善终。人类与自然的关系亦如此，与之斗争，向其索取，均非长久之计。在很多方面，人类也已经受到了大自然的惩罚，尝尽了大自然的苦头，学会与自然的相处之道，这才是人类的至善之道。

水静则明烛须眉，平中准，大匠取法焉

原文

水静则明烛须眉，平中准，大匠取法焉。水静犹明，而况圣人之心静乎！天地之鉴也；万物之镜也。

——[战国]庄子《庄子·天道》

释文

庄子（约前369—前286），名周，字子休，宋国蒙地（今河南省商丘市东北）人，战国时期的思想家、哲学家、文学家，道家学派代表人物，与老子并称"老庄"，继承和发展了老子"道法自然"的思想观点。这句话的意思是：水在静止时便能清晰地照见人的须眉，水的平面合乎水平测定的标准，高明的工匠也会取之作为准绳。水的静止是外部环境，水静则可以照见人的须眉，隐喻人的真实面貌，所比拟的道理就是静与内在真实的关系，强调"静"是道家的一个核心思想。世事纷扰，浮躁喧闹，何以自处，何以面对外部世界，道家认为像水那样，静下来才行，如果不静，就是一道道涟漪，我们无法清晰看到自己，内心不静，则无法了解自己。

评析

古人认为：静能生百慧。道家认为，道在静中，而万物遵循道的法则生灭变化，所以"清静为天下正"。曾国藩说："心静则体察精，克治亦省力。"静，是一种状态，不受外界的干扰而能够坚守本色、秉持初心。心静，才能够体察事物的本质，发觉事物的精微之妙；处理事情也能够省力，达到事半功倍的效果。我们要把握万事万物的变化，更要从静中求，从静上下功夫。大自然的秘密常常是潜藏在平静处，浮躁、急功近利都难以触及它的奥秘。

宁静致远，同样也是说，想要成功就要心无旁骛地静心做一件事情。唯有在安静的状态下，才能使身体安定、情绪稳定、心绪平和，才能内视自身、明审自己。如若心不静，省身也不密，见理也不明，一切都浮在表面。心如果有杂念，就不能达到成功的境界。现代社会中，人的选择太多，诱惑太多，欲望太多，遇到问题，不是反求诸己，而是多向外找寻原因，但此处的"外"并不包括自然，而是他人、社会。因此，庄子又说，圣贤达到了静的境界，所以圣贤之心才能映照天地和万物。今人之所以看不到自己，皆因缺少静的心境。为何难以有静的心境？还是要从人与水的关系中反思。古人静思的哲理是从自然现象中获得。在生产力水平低下的社会，人与自然的关系是密切的，人们日常与自然互动的时间非常充分，所有的生活资源也都从自然中获得，一切自然科学的原理也都是从对自然的观察中发现。

当今社会高速发展、纷繁复杂，人们在充分享受现代化带来的物质富足的同时，也产生严重的自然危机、社会危机和价值危机，更需要"静处体悟"，学会与自然共情，从自然中觉悟生命的真谛。

君子之交淡若水

原文

夫以利合者，迫穷祸患害相弃也；以天属者，迫穷祸患害相收也。夫相收之与相弃亦远矣，且君子之交淡若水，小人之交甘若醴。君子淡以亲，小人甘以绝，彼无故以合者，则无故以离。君子淡以亲，小人甘以绝。

——[战国]庄子《庄子·山木》

释文

这是庄子留下的一句千古流传的名言，用来形容人际交往中两种不同的关系类型。一般而言，我们更熟悉前面半句，且多只是从字面上来理解。原文的意思是：因为利益而结合的朋友，在面临生死关头的时候，会互相抛弃；而出自天性而结合的朋友，面临生死关头，会互相保护。互相抛弃，互相保护，两者之间不可同日而语。君子之间的交情淡淡若清水，而小人之间的交情甜若米酒。君子与君子情谊虽淡,但长久亲切;小人与小人之间情谊虽甜,但一朝翻脸不认人。因此,如果把这句话放在原文的整个语境来解读,我们就更容易理解其中的道理了。中国社会有追求君子文化的传统,人与人之间的交往向往君子之交,无论是古代的士大夫阶层,还是贩夫走卒,都懂得这样的道理。

评析

物理意义上的水,无色无味,用文学的语言则可以说心静如水,淡若清水……换一个视角、换一种表述,水的至清至纯就成为无法超越的优点。正因为如此,在中国古代传统文化中,圣人先贤们崇尚君子之交,常常拿水打比方,还产生了不少佳话:俞伯牙和钟子期因一曲"高山流水"而成知音;鲍叔牙能宽宏大量、不计前嫌成全管仲成大业,"管鲍之交"千古流传;蔺相如对廉颇"以国家之急而后私仇"终成"刎颈之交",彪炳千秋;左伯桃与羊角哀的羊左之交,又叫舍命之交,左伯桃把衣服和粮食全部交给了羊角哀,自己则躲进空树中自杀……历史上这样的交友典范不胜枚举。

在物质生活更加优越、社会交往更加频繁的今天,人们不再满足于从物质生活中获取幸福,更追求精神上的契合,同声相应,同气相求。君子之间淡如水的交情,并非冷漠,而是相处自然、情感深厚。交往过程中,人们注重的是彼此的品行和道德，而不是追求虚荣、利益等功利性目标。君子之间，即使没有物质上的表达，彼此之间没有太多的话语沟通，也能够感受到彼此之间出自真心的关怀和支持。相反，小人之交以物质利益为纽带，往往带有极强的目的性。受私欲的影响，当利益关系结束或个人欲望得到满足时，这种交往也就走到了尽头。"君子之交淡如水，小人之交甘若醴"提醒我们，要正确看待人际交往关系。真正的友谊不是建立在物质利益上的，而是建立在相互尊重、信任、理解和支持的基础上。在交往的过程中，既要关注自己的利益，也要关注他者的利益。交往要坚持基本的良知和道德底线，尊重他人的权利和尊严的同时，也要维护自身合法权益。只有这样，才能够形成和谐、稳定、纯洁、良善的社会关系。

人视水见形，视民知治不

原文

汤征诸侯。葛伯不祀，汤始伐之。汤曰："予有言：人视水见形，视民知治不。"伊尹曰："明哉！言能听，道乃进。君国子民，为善者皆在王官。勉哉，勉哉！"汤曰："汝不能敬命，予大罚殛之，无有攸赦。"作汤征。

——[西汉]司马迁《史记》

释文

这段话出自司马迁《史记》"殷本纪"。殷，即商，中国历史上第二个朝代，其开国君主为成汤。成汤征讨不祭祀的诸侯葛伯，并对伊尹说："人视水见形，视民知治不。"不，同"否"。意思是，人从水中可以看到自己的形象，从百姓精神面貌可以知道国家治理状况。简而言之，就是"以民情为镜"。这是有据可查的最早的"镜子论"。

成汤的"镜子论"表明，早在中国奴隶社会时期就已将民情状况作为衡量统治好坏的标准。此后,"以人为镜"的观念被历代开明统治者所接受。《诗经·大雅》中有"殷鉴不远,在夏后之世"。《大戴礼记·保傅》曰:"明镜者,所以察形也;往古者,所以知今也。"唐太宗李世民将"镜子论"进一步发扬光大。据《新唐书·魏征传》记载,直言敢谏的魏征去世后,唐太宗感叹:"以铜为鉴,可正衣冠;以古为鉴,可知兴替;以人为鉴,可明得失。朕尝保此三鉴,内防己过。今魏征逝,一鉴亡矣。"[1]

评析

春秋战国时期,诸子百家对水的认识更多是一种哲学思考,从自然之水中悟出人生的哲理,后人则更多从治国理政的角度来审视水。这个角度又包含了两个出发点:一是从水所蕴含的力量出发来审视水,二是从水所具有的"可鉴"功能来审视水,或者是两者的结合。其背后体现的逻辑是,因为水具有不可忽视的强大力量,所以执政者应该常常"识水见形"。执政者能否以水为镜,影响着"水"是载舟还是覆舟的历史进程,两者互为因果。

---

[1] 人民日报评论部:《习近平用典》第一辑,人民日报出版社,2015年,第3-4页。

有形之水是自然之水，无形之水是能载舟亦能覆舟的人民群众。人民，常常被比为载舟的水，喻为种子发芽生长的土地，视为枝叶的根本。对于执政者而言，人民的重要性如何强调也不为过。习近平总书记引用这段话，把人民比喻成可以照见治乱的水，就是给各级领导干部敲警钟，要心中时刻装着人民，一切工作的出发点是为了人民，始终和人民在一起。现实中，我们的各项事业，让群众参与、受群众监督、请群众评判，多照照群众这一面镜子，多比比群众这一把尺子，才能真正回答好"依靠谁、为了谁"的问题。

衣缺不补，则日以甚，防漏不塞，则日益滋

原文

衣缺不补，则日以甚，防漏不塞，则日益滋。大河之始决于瓠子也，涓涓尔，及其卒，泛滥为中国害，菑梁、楚，破曹、卫，城郭坏沮，蓄积漂流，百姓木栖，千里无庐，令孤寡无所依，老弱无所归。故先帝闵悼其菑，亲省河堤，举禹之功，河流以复，曹、卫以宁。百姓戴其功，咏其德，歌"宣房塞，万福来"焉，亦犹是也，如何勿小补哉！

——[西汉]桓宽《盐铁论》

释文

桓宽，生卒年不详，字次公，西汉后期散文家。汉宣帝时被举为郎，后任庐江太守丞。著有《盐铁论》十卷六十篇。《盐铁论》原为汉昭帝时以御史大夫桑弘羊、丞相田千秋为一方，以各地贤良、文学为另一方，就盐铁官营和酒类

专卖等问题举行辩论的会议纪要，后经桓宽推演整理而成此书。《盐铁论》分为10卷60篇。前41篇是写盐铁会议上的正式辩论，第42～59篇是写辩论后的余谈，全书最后一篇《杂论》是作者写的后序。该书采用对话文体，以生动的语言真实反映了当时的辩论情景，保存了不少西汉中叶的经济史料和丰富的经济思想资料。"衣缺不补，则日以甚，防漏不塞，则日益滋"的意思是：衣服有了破口不缝补，破口就会一天比一天严重；堤防有渗漏不堵塞，渗漏就会一天比一天厉害。

评析

这段话带给我们的启示可以从"大河之始决于瓠子也"说起，就是说，凡事一发现不好的苗头，就要及时采取措施进行补救，以免造成更大的损失。隐患始于蚁穴，说明未雨绸缪，防患于未然，要注重细节，否则就可能演化成大灾难，这是一个具有普遍意义的道理，适用于很多方面。

如果从治水的意义上理解，要实现江河安澜，防洪治水要时刻保持高度的警惕，懂得防微杜渐，保持警钟长鸣，不放过任何一个可能造成灾害的细微之处。

如果从修身养性、反腐倡廉的角度理解，小节失守，大节难保；小洞不补，大洞难堵。个人修养的提高，要重视从细节做起,从小事入手。廉洁自律也是如此,要从"小节"开始,党员干部要筑牢防腐拒变的思想防线,扣好廉洁从政的"第一粒扣子",莫让"乱花"迷了自己的眼。

落其实者思其树，
饮其流者怀其源

原文

正阳和气万类繁，君王道合天地尊。
黎人耕植于义圃，君子翱翔于礼园。
落其实者思其树，饮其流者怀其源。
咎繇为谋不仁远，士会为政群盗奔。

——[北周]庾信《徵调曲六》

释文

"落其实者思其树，饮其流者怀其源"是一句充满哲理的古语，意思是吃到树上的果实，就会想到生长果实的树；喝到河里的水，就会想到河水的源头。这句话表达了人们对根源和本初的深深眷恋与感激之情。这句诗后来演变成了成语"饮水思源"，成为中华民族传统文化中强调感恩、不忘本的重要表达。

评析

这句话所蕴含的哲理,对于现代社会依然具有重要的启示意义。它提醒我们要时刻保持对根源和本初的敬畏与感激,不忘初心,方得始终。同时,也鼓励我们在追求梦想和成功的道路上,不要忘记那些曾经帮助过我们的人或事物,以及我们自身的初心和使命。

习近平总书记在中国文联十大、中国作协九大开幕式上的讲话中引用了这句话[1]。强调"我们要坚持不忘本来、吸收外来、面向未来,在继承中转化,在学习中超越,创作更多体现中华文化精髓、反映中国人审美追求、传播当代中国价值观念、符合世界进步潮流的优秀作品,让我国文艺以鲜明的中国特色、中国风格、中国气派屹立于世。"[2]

返本与感恩是中国文化的两个关键词。所谓返本,就是追思自身的来源,并以此来践行价值建构。孝敬父母、追念祖先就是返本。感恩不仅有父母的养育之恩,也有皇天后土的覆载之恩。庾信的"落实思树""饮流怀源"即是此意,只有知恩、感恩、报恩,才能建立正确的价值观念和良好的社会秩序。庾信的"落其实者思其树,饮其流者怀其源",

---

[1] 《习近平用典》第二辑,人民日报出版社,2018年,第163页。
[2] 《习近平著作选读》第一卷,人民出版社,2023年,第539页。

以生动贴切的文学语言表达了至为深刻的思想文化内涵，又以审美的方式将这些思想文化积淀入人们的心灵，塑造着人们的人格境界，让我们在吸收外来、面向未来的时候，时刻不忘本来、感恩本来。

欲流之远者，必浚其泉源

原文

臣闻求木之长者，必固其根本；欲流之远者，必浚其泉源；思国之安者，必积其德义。源不深而望流之远，根不固而求木之长，德不厚而思国之理，臣虽下愚，知其不可，而况于明哲乎！

——[唐]魏征《谏太宗十思疏》

释文

魏征（580—643），字玄成，巨鹿郡下曲阳县（今河北省晋州市鼓城村）人。唐朝初年杰出的政治家、思想家、文学家和史学家。《谏太宗十思疏》是魏征于贞观十一年（637年）写给唐太宗的奏疏，意在劝谏太宗居安思危，戒奢以俭，积其德义。太宗，即李世民，唐朝第二位皇帝，是中国历史上最有成就的开明君主之一。在他的统治时期，出现了安定富强的政治局面，史称"贞观之治"。"十思"是奏章的主要内容,即十条值得深思的问题。对于魏征这篇奏疏,唐太宗非常重视,说它是"言穷切至",使得自己"披览亡倦,每达宵分"。他还曾使用"载舟覆舟"的比喻来训诫太子。此后,宋、明、清三代的一些君主也经常拜读这篇奏疏,用以规诫自己,由此可见它在封建时代的重要意义。它的大意是:想要树木长得好,一定要使它的根牢固;想要泉水流得远,一定要疏通它的源泉。从原文看,魏征想要表达的是想要国家安定,一定要厚积道德仁义。源泉不深却希望泉水流得远,根系不牢固却想要树木生长得高,道德不深厚却想要国家安定是不可能的。

评析

魏征是以敢于进谏而青史留名的。《旧唐书·魏征传》载有魏征上给唐太宗的四篇奏疏,史臣赞称"可为万代王者法",这段话出自第二篇,因篇中列有十点,请太宗思考,作为修身治国之准则,故题为"十思"。

尽管这篇奏疏是1000多年前的,但对于当下的国家治理仍然具有积极的借鉴意义。

(1)要维护国家长治久安,必须重视思想道德作风建设。我们强调以德治国,本质上是形成高度文明的社会风尚,用高尚的道德情操引领社会风气的转变,通过廉政建设、精神文明建设、乡风文明建设等，积极践行社会主义核心价值观，逐步实现魏征所谓的"厚积道德仁义"，形成良好的社会风气。

（2）要治理好国家，首先要树立正确的人民观。唐太宗的"水能载舟亦能覆舟"的论述应该说和魏征的"十思"都表达了同样的意思，即充分认识到人民群众推动历史进程的重要性。人民就像水一样，能够负载船只，也能颠覆船只，这是古代的封建帝王和大臣都懂得的道理。封建社会的朝代更替已经让大臣和皇帝充分认识到民心所向的重要性。人民立场是中国共产党的根本政治立场，党与人民风雨同舟、生死与共，始终保持血肉联系，是党战胜一切困难和风险的根本保证。这已经是经过社会主义革命和实践反复检验过的真理。在新时代，只有认真贯彻以人民为中心的发展理念，坚持一切为了人民，一切依靠人民，真正把百姓放在心上，这才是我们党永葆生机和活力、确保长期执政的根源所在。

在山泉水清，出山泉水浊

原文

绝代有佳人，幽居在空谷。自云良家子，零落依草木。关中昔丧乱，兄弟遭杀戮。官高何足论，不得收骨肉。世情恶衰歇，万事随转烛。夫婿轻薄儿，新人美如玉。合昏尚知时，鸳鸯不独宿。但见新人笑，那闻旧人哭。在山泉水清，出山泉水浊。侍婢卖珠回，牵萝补茅屋。摘花不插发，采柏动盈掬。天寒翠袖薄，日暮倚修竹。

——[唐]杜甫《佳人》

释文

杜甫是唐代著名的现实主义诗人，一生写下了很多关注下层百姓的诗歌，成为中国古代现实主义诗歌的代表性人物。这首诗作于唐肃宗乾元二年（759年）秋季，安史之乱发生后的第五年。乾元元年（758年）六月，杜甫由左拾遗降为华州司功参军。第二年七月，他毅然弃官，拖家带口，客居秦州，在那里负薪采橡栗，自给度日，《佳人》就写于这一年的秋季。此诗描写一个乱世佳人被丈夫遗弃而幽居空谷，艰难度日的不幸遭遇。女子出身良家，然而生不逢时，在安史战乱中，原来官居高位的兄弟惨遭杀戮，丈夫见其娘家败落，就遗弃了她，于是她在社会上流落无依。这句话表面是说"泉水在山里是清澈的，出了山就浑浊了"，实际上是形容当时这位女子的处境，她没有向命运屈服，只是咽下生活的苦水，幽居空谷，与草木为邻，立志守节，宛若山泉，此诗讴歌的就是这种贫贱不移、贞节自守的精神。

评析

杜甫的这句诗讲述了一个非常浅显的道理，自然之水的清澈与否和涵养水的大山存在着密切的关系，本质上揭示的是一种良好的水生态系统的内在逻辑关系。泉水在山间流动，周围的植被既能够涵养水源，又能够净化水质，可一旦奔流出山，外部环境更加复杂，没有了植被的保护和阻挡，就会泥沙俱下，变得浑浊起来。仔细品味，诗歌既蕴含了生态原理，又富有人生哲理。

从生态原理上讲，新时代的治水理念中，无论是五水统筹，还是河湖长制，本质上都是生态文明思想进步的体现。水的治理是一个系统工程，既要精准到点，又要覆盖到面，两者相辅相成。精准到点是确保中国大地上的每条河流都得到保护，这也是推行河湖长制的重要意义，实现了对所有河流的精准治理责任到人。覆盖到面则要求不能单纯地治理一条河流，而要注重整体上对河流的生态系统进行修复。实践证明，河流只是生态中的一个部分，只有整个生态环境得到了改善，才算是从根本上治好了水。

从人生哲理来讲，人处在空谷幽寂之地，就像泉水在山，没有什么能影响其清澈。诗中佳人的丈夫出山，随物流荡，于是就成了山下的浊泉，而她则宁肯受饥寒，也不愿再嫁，成为那浊泉。晋代孙绰在《三日兰亭诗序》中说："古人以水喻性，有旨哉斯谈！非以停之则清，混之则浊邪？情因所习而迁移，物触所遇而兴感。"孙绰所说的"以水喻性"在杜甫的这首诗里也得到了体现，人的品性好坏受所处环境的影响非常大，跟水的清澈与否是一样的道理。一个人要想保持高洁的品格，就应该守好自己的"本源"，不为外在环境所干扰。

水有所去，故人无水忧

原文

鄞之地邑，跨负江海，水有所去，故人无水忧。而深山长谷之水，四面而出，沟渠浍川，十百相通。

——[北宋]王安石《上杜学士言开河书》

释文

王安石（1021—1086）是北宋时期著名的政治家、文学家、思想家、改革家，以变法著称，在水利方面也颇有建树，制定有农田水利法等。这句话的意思是说：水有可以散去的地方，所以这里的人民就没有洪水的忧患。

北宋庆历七年（1047年），27岁的王安石担任鄞县（今浙江省宁波市鄞州区）知县，上任之初，恰逢鄞县大旱，百姓苦不堪言，临江靠海的地区何以大旱？王安石当即决定对当地的农田水利进行一番调查。通过12天的调查走访，王安石认为造成旱情的原因"皆人力不至，而非岁之咎也"，非天灾，而是官惰，这才有了这篇《上杜学士言开河书》。因此，王安石治鄞第一事，就是兴修水利，提出了"宜乘人之有余，及其暇时，大浚治川渠，使水有所潴，可以无不足水之患"的解决办法，就是趁着农民生活丰裕，在农闲之时把农民召集起来，大力开展修河治渠，储存可以利用的水资源，改变水源不足的忧患。仅仅王安石上任的当年，他就带领百姓挖湖床，筑堤堰，设碶闸，兴修水利设施21处，限制湖水流出，阻止咸卤涌入，解除了东钱湖域的水旱之苦，东钱湖再度成为万顷良田的生命之源。

评析

王安石的治水理念并不复杂，涝则水要有去处，旱则要储存水源，此后，他的治水实践基本上围绕着这两个方面。从王安石身上，我们仍然可以得到很多治水启示。

其一，治水要有系统的观念。所谓"治水"，一方面，通过人力去建造工程，改变水原来的流向、走势，或泄或拦，以备利用；另一方面，则要因势利导，充分发挥天然水道的作用，但无论哪一方面，都应该基于系统的观念，整个水系是连通的，人的行为只能是促进水系的交互流通，而不是相反。今天，一些地方城市社会中每到雨季频频发生的内涝，往往和水系不畅通有很大关系，从这个角度说，无论是农田水利建设,还是城市河道管网建设,确保"水有所去"至关重要。

其二,治水要有以人民为中心的理念。王安石上任之初就抓住了鄞县农田水利建设的关键问题,通过大规模兴修水利,解民之忧,一举赢得了民心,获得了良好的官声,直到今天,当地人仍然怀念这位为民治水的好官。在以人民为中心的今天,一切施政举措,都应该以民生为本,以人民的利益为重,想人民之所想,急人民之所急。从古至今,为官一任、造福一方的官员都具有这样的共同特征,无论是像大禹、孙叔敖、西门豹、李冰、王景、马臻、姜师度、苏轼、郭守敬、潘季驯、林则徐、李仪祉这些知名的历史人物,还是载于各地方志中名不见经传的州县官员,都把解决地方水旱灾害当成地方政务的头等大事来做。今天,不少地方已经或者正在解决广大农村村村通自来水的工程,也是这样的民心工程,不仅从根本上解决了老百姓有水喝的问题,而且进一步向喝好水迈进。

以为沼沚之可以无忧，是乌知舟楫灌溉之利哉？

原文

故夫善治水者，不惟有难杀之忧，而又有易衰之患。导之有方，决之有渐，疏其故而纳其新，使不至于壅阏腐败而无用。嗟夫！人知江河之有水患也，而以为沼沚之可以无忧，是乌知舟楫灌溉之利哉？

——[宋]苏轼《苏东坡全集》

释文

苏轼（1037—1101），字子瞻，又字和仲，号铁冠道人、东坡居士，世称苏东坡、苏仙、坡仙。眉州眉山（今四川省眉山市）人，北宋文学家、书法家、画家，历史治水名人。北宋元祐四年（1089年），苏轼任杭州知州。由于西湖长期没有疏浚，淤塞过半，"对台平湖久芜漫，人经丰岁尚凋疏"，湖水逐渐干涸，湖中长满野草，严重影响了农业生产。苏轼来杭州的第二年率众疏浚西湖，动用民工20余万，开除葑田，恢复旧观，并在湖水最深处建立三塔（今三潭印月）作为标志。他把挖出的淤泥集中起来，筑成一条纵贯西湖的长堤，堤由六桥相接，以便行人，后人名之曰"苏公堤"，就是今天所说的"苏堤"。这句话出自《苏东坡全集》，意思是通常人们只知道大江大河会有水患，而坑塘积水就不用担忧，难道不知道江河之水还有行船灌溉的好处吗？

评析

我们都知道苏轼是一位大文学家，但他的治水成就往往不为人知。实际上苏轼也是一位善于治水的能臣。他一生宦海沉浮，在多个地方任职，有些地方任职非常短暂，但都在当地留下了很好的百姓口碑，尤其是在治水方面。他任杭州通判时修复钱塘六井，任徐州太守时固堤抗洪，任杭、颍太守时修治境内沟洫，谪居岭海时治湖、修桥、引泉、凿井，撰写了《熙宁防河录》《禹之所以通水之法》《钱塘六井记》等水利文章，举荐了单锷等水利人才，倡导"兴天下之水学"，为北宋的水利建设作出了重要贡献。

从这段话可以发现，苏轼对水的认识具有一定的超前性，他有着比较系统的治水思想，较早意识到水不仅是灾难,而恰恰相反,如果治好水,也可以让害民之祸成为利民的资源。苏轼的治水之道以顺应自然、保护自然为原则,以注重民情、保障民生为宗旨,以因势利导为方法,充分展现了中国古代的治水智慧,彰显了人与自然和谐共生的精神。苏轼认为治水不是要遏制河流的生命,而是要顺应河流的自然之理,恢复其自然生命,通过激发其生命活力来实现人民生活的改善和社会财富的增值。苏轼的治水思想是今天水利人的重要精神财富,对当代治水具有较高的借鉴意义,对认识水、治好水、利用水均有启发作用。

夫水者，启子比德焉

原文

子贡问曰："君子见大水比观焉，何也？"孔子曰："夫水者，启子比德焉。遍予而无私，似德；所及者生，似仁；其留卑下，句倨皆循其理，似义；浅者流行，深者不测，似智；其赴百仞之谷不疑，似勇；绵弱而微达，似察；受恶不让，似包；蒙不清以入，鲜洁以出，似善化；至量必平，似正；盈不求概，似度；其万折必东，似意。是以君子见大水比观焉尔也。"

——[南宋]薛据《孔子集语·孔子论水》

释文

薛据（生卒年不详），字叔容，永嘉（今浙江省温州市）人，官至浙东常平提举。《孔子集语》是一部汇集孔子言行事迹的重要文献，分为薛据辑的两卷本和孙星衍辑的十七卷本，薛据辑本被收入《四库全书》。《孔子论水》是出自《孔子集语》的一篇文章,是孔子通过水来阐释儒家所主张的德、义、智、勇等价值观。与老子、庄子、孟子等先秦诸子一样,孔子也是借助水来阐述他的思想主张。美国汉学家艾兰敏锐捕捉到了这一点,曾对此做了很多的论述。她说:"中国早期的思想家无论属于哪一哲学流派,都假定自然界与人类社会有着共同的原则。人们通过体察自然便能洞悉人类。""在中国早期哲学思想中,水是最具创造活力的隐喻。"[1]水是人类不可或缺的物质,更是作为中国早期传统哲学思想的一个极其重要的本喻而存在于先秦诸子的典籍之中。从原文可以看出,孔子用了很长的篇幅来论述水是如何启发人的道德的,由此可见,水对于人的道德养成的重要性。

这段对话的大致意思是:子贡问孔子:"君子见到大水一定要仔细观看,是什么原因呢?"孔子回答说:"水,能够启发君子用来比喻自己的德行修养啊!"为什么孔子会这么认为呢?接下来孔子通过不厌其烦的类比,进行了详细的解释。第一句对话其实表达了孔子的核心观点,水几乎具有完美的道德,可以启发人的道德,应该成为人学习的典范。

---

[1] 艾兰:《水之道与德之端:中国早期哲学思想的本喻》,张海晏译,上海人民出版社,2002年,第5、108页。

评析

中国社会是一个伦理型社会，国家也好，个人也罢，尤其注重道德。孔子说："德不孤，必有邻。"《大学》里有"大学之道，在明明德"。2013年9月26日，习近平总书记在会见第四届全国道德模范及提名奖获得者时曾指出："精神的力量是无穷的，道德的力量也是无穷的。中华文明源远流长，孕育了中华民族的宝贵精神品格，培育了中国人民的崇高价值追求。自强不息、厚德载物的思想，支撑着中华民族生生不息、薪火相传，今天依然是我们推进改革开放和社会主义现代化建设的强大精神力量。"[1]一个民族的强大，不仅要有强大的经济、军事实力，还要有强大的精神力量，因此，制定以德治国的方略，主张个人要加强思想道德修养，践行社会主义核心价值观。

子贡和孔子讨论水的德性，孔子认为水所具有的川流不息、周遍四方、谦卑曲全、勇往直前、公平正直、随方就圆、平等对待万物等特性，都像是君子所应具备的德行。这些德行启示我们，要敬佩水的德性，谦恭善学，开启智慧，领悟真理。孔子和子贡的讨论告诉我们，人与万物共生，庄

---

[1] 习近平：《在会见第四届全国道德模范及提名奖获得者时的讲话》，《人民日报》，2013年9月27日。

子说："天地与我并生，而万物与我为一。"宋代理学家张载说："民吾同胞，物吾与也。"在先贤思想家看来，人可以从水中获得道德的启发，是建立在物我为一的基础上。今人与大自然之间曾经出现的不和谐以及对大自然的过度索取是值得反思的，如何建立起与大自然更亲密乃至于更平等的关系，从而为个体良好的道德素养的养成创造外部条件，正是现代社会生态文明建设努力的方向。

知者达于事理而周流无滞，有似于水，故乐水

原文

知者达于事理而周流无滞，有似于水，故乐水；仁者安于义理而厚重不迁，有似于山，故乐山。动静以体言，乐寿以效言也。动而不括故乐，静而有常故寿。程子曰："非体仁知之深者，不能如此形容之。"

——[南宋]朱熹《四书章句集注》

释文

朱熹是南宋著名思想家、教育家、理学集大成者，他从"五经"之一的《礼记》里抽出《大学》《中庸》两篇，并作了"章句"，即重新分章辨句，成《大学章句》《中庸章句》；《论语》《孟子》中的注释集合了众人说法，称为"集注"。《四书章句集注》是一部儒家理学的名著，是他最有代表性的著作之一。

朱熹在《四书章句集注》中特别关注圣人之道等问题，学习圣人之道，目的并不简单在于获取功名、增长知识，而是追求圣人的境界，可见朱熹眼中的"道"是十分崇高的。因此，朱熹特别强调"知道"的重要性，就是要告诉人们，读书的动机往往决定了他能够达到的目标和高度。这句话的意思是：知者因为明达事理、思维敏捷、知识渊博而通透无滞，与水的特质相似，故乐水而好动。这同样是一种比拟的手法，将知"道"与乐水相比拟，知"道"之人像水一样，变动不居，可以参透天地之道，治世之道，所以成为智者。

评析

真知未必深奥，往往看似浅显，实则浅显中见真知。智者通达万事万物之理，在这些事理当中，能够任运自如，像水一样周流无滞。滞是阻碍，没有阻碍，所以畅通无阻。之所以"知者乐水"，是因为水的变动不居，善于就势，所以无滞而四通八达。

我们都明白水之于生命的重要意义，却未必了解水之于中国古代哲学思想的重要价值。朱熹《四书章句集注》中的这一段话至少可以带给我们两点启示：

（1）哲学思想与自然山水文化的关系，应当成为当下继承弘扬中华优秀传统文化的重要维度。中国传统文化中，哲学、艺术、文学等都是建立在对自然山水的热爱、敬畏、观察、拥抱的基础上,"乐山乐水"共同反映了中国传统社会的自然观。中国传统自然观中包含了丰富的辩证法、朴素的无神论、自然与社会相联系的整体意识、气本体论的连续性观点等。这些观点都来自古人对自然的理解,同时又反过来成为中国两千多年人与自然关系的准则。在工业化时代之前,人与自然关系的稳定、平衡,很大程度上得益于此。而工业化对人类赖以生存的自然环境造成了破坏,如何谋求社会发展同自然生态环境保护的和谐统一,成为当前关乎人类社会永续发展的重要课题。如果从哲学意义上寻找答案,可能需要追根溯源,重新回到中国的山水文化传统中来认识自然,摒弃人类中心主义的傲慢,才能建立起"乐山乐水,知山知水",真正符合人类自身发展的人与自然关系。

(2)文以载道的传统和表达方式值得反思和学习。从知识生产角度看,当下的知识生产以无法想象的速度,每时每刻都在大量产生。反观先秦诸子到宋明理学家们,他们虽然著书立说的速度和数量都比不上今人,但他们的思想对后世的影响却是巨大而深远的,之所以如此,是因为古代知识分子修身、治国、平天下的情怀和使命责任,使得他们的文字都力图传递出这样的追求,达到文以载道、以文化人的目的。同时,为了达到这样的目标,他们的表达方式往往借助于对自然山水的观察、描述,以平实的语言传递出厚重的天地之"道"。正因为如此,"水"成为古代思想家最乐于亲近、最善于描述、最倾向于倚重的自然对象,才留下了诸多以水喻理的千古名篇。

清如水，明如镜

原文

在河南的时候，不肯赚朝廷一个大钱，不肯见老百姓受一分累，是一个清如水，明如镜的好官。

——[清]文康《儿女英雄传》

释文

"清如水，明如镜"，有时候又作"清如水，廉如镜"，它是一句俗语，除了清代文康的《儿女英雄传》之外，还有很多文学作品都使用过这句话，比如现代作家浩然《艳阳天》一二四章："好多人背后都说，李乡长一向清如水，明如镜。"刘绍棠《水边人的哀乐故事》四九："我和谷双秀之间清如水，我和花红果之间明如镜，为何她俩霸占我的梦，驱不散也赶不走？"曲波《桥隆飙》六："他热情地对我说：'马师爷，你讲的真是清如水，明如镜，道眼顺，情理通。'"甚至百姓的日常口语当中也时常使用这样一句俗语，它既是百姓对掌握权力的在任或离任官员之官声的评价，又代表着百姓的一种期许，自古以来，中国社会就有很深的"清官情结"，百姓总是希望官员能够以如此之品行打理政务，主政地方，造福一方百姓。

评析

"清如水，明如镜"是一句言简意赅、寓意深远的表述，它主要是对官员个人品行和道德情操的高度赞誉。"清如水"形容为官清廉公正，像水一样清澈透明，没有杂质；"明如镜"则比喻廉洁如同明镜，能够真实反映和映照出事物的本相，不偏不倚，公正无私。

这一表述不仅体现了对为官者清正廉洁的期许，也蕴涵了对公共权力的敬畏和对个人品行的严格要求。在历史上，许多贤能的官员都以清廉自守为典范，他们的事迹流传千古，成为人们心目中清官的象征。例如，《隋书·循吏传·赵轨》记载了赵轨为官清廉，勤政爱民，深受百姓爱戴，在他即将入京为官之时，百姓前来送行，知道其清廉，只能以水代酒为其饯行，赵轨一饮而尽。古人常以水形容一个人的清廉，赵轨获赞"公清若水"，实在是极高的评价。"清如水，明如镜"不仅是对古代官员的赞誉，也是对现代党员干部的鞭策和提醒。新时代的党员干部应该深刻汲取历史教训，时刻保持清醒的头脑和坚定的理想信念，注重加强党性教育和廉洁自律，通过不断学习和实践，提高自己的政治觉悟和道德水平。只有做到清正廉洁、克己奉公，才能始终保持对权力的敬畏之心和对人民的赤诚之心，以廉心守初心，行稳而致远。

总之，"清如水，明如镜"是一种极其崇高的道德追求和人生境界，它要求人们始终保持清廉的品行和公正的态度，以身作则、率先垂范，为社会的进步和发展贡献自己的力量。

水文化是中华文化的重要组成部分

原文

悠久的中华传统文化宝库中，水文化是中华文化的重要组成部分，是其中极具光辉的文化财富。黄河文化、长江文化、大运河文化等，见证了中华文化的起源、兴盛、交融，积累、传承、丰富了中华民族的集体记忆。以治水实践为核心，积极推进水文化建设，是推动新阶段水利高质量发展的应有之义。

——《水利部关于加快推进水文化建设的指导意见》

释文

考古学揭示了中华文明是世界东方的"两河文明"，黄河文化和长江文化都是中华文明连续发展的深层动力和根本性保障，因此，黄河、长江都是中华民族的母亲河。

黄河被称为中华民族的摇篮，她如一条昂首巨龙，劈开青藏山川，穿过高原峡谷，跃壶口、出龙门、闯三门峡，九曲十八弯，奔腾入海。千百年来，她滋养着流域内亿万人民，也曾肆虐八方、祸害生灵。黄河流域孕育了华夏历史文明，是中华民族的重要发祥地。长江，造就了从巴山蜀水到江南水乡的千年文脉，是中华民族的代表性符号和中华文明的标志性象征，是涵养社会主义核心价值观的重要源泉。要把长江文化保护好、传承好、弘扬好，延续历史文脉，坚定文化自信。一北一南，两条横亘华夏大地的大河，又被纵贯南北的大运河连接了起来。大运河始凿于春秋末期吴王夫差开挖的邗沟，后经隋、元两次大规模扩展，利用天然河道加以疏浚修凿连接而成。大运河分为通惠河、北运河、南运河、鲁运河、中运河、里运河（古称"邗沟"）以及"江南运河"七段。三条河流承载着不同的历史使命，黄河、长江在中华民族五千年文明发展史上孕育出的辉煌灿烂文化，奠定了中华民族的文化根基。开凿大运河所凝聚的中华儿女的智慧是我们的宝贵财富，运河开通后促进中国南北经济文化的交流、融合，更是对于中国大一统格局的形成具有举足轻重的作用。三条河流见证了华夏文明的历史进程，承载了中华民族世世代代对五千年沧海桑田的记忆。

评析

如果说2020年11月14日习近平总书记在全面推动长

江经济带发展座谈会上的讲话是给"水文化"吹响了号角，那么，2021年水利部印发的《水利部关于加快推进水文化建设的指导意见》则是描绘了水文化建设的蓝图。重温意见中的重要论述，对新时代推进水文化建设有了更加全面、深入的思考。

（1）水文化是时代发展的要求。在实现中华民族伟大复兴的征程上，文化复兴是题中之义。中华文化丰富多彩，内涵极其丰富，水文化毫无疑问是一个重要组成部分。"水文化"的提出，不仅是为水利领域的文化建设指明了发展的方向，而且从理论上更有利于将其整合起来。随着我国主要社会矛盾的变化，水利事业的高质量发展，也并非只是水利工程建设、管理、利用等方面技术手段的进步，也必然体现在水利中蕴含的深厚文化底蕴上。

（2）水文化具有无可替代的重要价值。从整个人类文明的进程看，所有重要的文明都诞生于重要的流域范围内。某种程度上可以说，水文化是孕育人类文明的母文化，它们既有所有流域的共同之处，具体到各个不同的地域，又有很强的地域性。这些共同之处体现出人类文明的相通，而地域性则代表着水文化的独特性。一方面，水文化具有相当的模糊性；另一方面，水文化具有极度的包容性，一切文化都与水文化存在某种关联，从先秦诸子的哲学思想里，到寻常百姓的日常生活里，可以时时刻刻感知水文化的存在。

（3）水文化具有独特的治水特性。水文化的科学之处正在于其"治水"特性。的确，从广义的角度理解，水文化似乎无所不包，但从狭义的角度理解，水文化只和"治水"有关。在水文化建设方兴未艾，各方力量积极介入水文化建设的过程中，我们必须牢牢把握水文化最核心的特性，紧紧围绕"治水实践"，只有与治水、护水、节水、用水等密切相关的文化才能称之为"水文化"，绝非将一切与水有关的文化事项全部囊括其中，这样才能真正把握水文化的正确方向。

中华民族 5000 多年的历史，从某种意义上来说就是一部治水史

原文

我们党自成立以来就高度重视治水，始终把水利作为农业的命脉、作为经济社会发展的根本，从"一定要把淮河修好"、"要把黄河的事情办好"到"一定要根治海河"，从学大寨整地治水到发扬红旗渠精神凿山修渠，从三峡工程到南水北调，一百多年来，在党的坚强领导下，治水事业得到了蓬勃发展，在中华民族实现站起来、富起来、强起来的进程中发挥了强有力的支撑保障作用。"以史为鉴，可以知兴替。"中华民族5000多年的历史，从某种意义上来说就是一部治水史。我们必须站在治水即治国的战略高度，深刻认识治水的战略地位。

——水利部编写组：《深入学习贯彻习近平关于治水的重要论述》

释文

兴水利、除水害,古今中外,都是治国大事。习近平总书记不止一次作过类似的表述,2019年9月18日,他在郑州主持召开黄河流域生态保护和高质量发展座谈会上就曾说过:"从某种意义上讲,中华民族治理黄河的历史也是一部治国史。"[1] 简言之,治水就是治国,治国史就是一部治水史。由此可见,治水在中国历史上的重要地位。如果把神话传说视为古代先民们治水的历史记忆,那么,洪水神话可能昭示着人类早期文明的萌芽阶段。

从女娲补天算起,鲧窃息壤,再到大禹治水,无不反映中国古代劳动人民与洪水博弈的原始思维。进入历史时期后,纵观中国的王朝历史,几乎每一个朝代都有治水的良臣能吏,涌现出了一大批治水人才。水利部公布的12位治水名人包括大禹、孙叔敖、西门豹、李冰、王景、马臻、姜师度、苏轼、郭守敬、潘季驯、林则徐、李仪祉。这些人物及其所处朝代串接起来,就是一部浓缩的中国治水史。

---

[1] 习近平:《在黄河流域生态保护和高质量发展座谈会上的讲话》,《求是》,2019年第20期。

评析

对一个国家而言，无论从权力架构上说，还是从行业划分上讲，可能没有哪个领域能够有此殊荣，可以代表着国家的治国史，而水利可以。那么，对于今天的我们来说，这句话有着怎样的现实意义呢？

（1）充分认识水利的重要性。中国古代是农耕为主的社会类型，政权的稳固必须稳定农民，发展农业，这是立国之本。到了工业化的今天，水利的使命减少了吗？答案显然是否定的。一方面，现代农业同样需要水利建设的配套跟进，为其提供更为坚实的保障；另一方面，水患并不因为科学技术的进步而完全消失，恶劣天气带来的洪水灾害仍然存在，这些都要求我们在大江大河长期安澜的情形下，依然要保持忧患意识，同时，不断提高水利事业的发展水平，跟上时代的步伐，推动水利事业高质量发展。

（2）以史为鉴，养成用历史的眼光认识治水。中国治水历史悠久，治水人物众多，积累了丰富的治水经验，也有深刻的教训，为我们提供了一个非常长的可以观察的历史脉络。浩若烟海的历史材料既是寻找治水规律的重要依据，也是新时代治水的长鸣警钟。在水利事业长足进步的新时代，充分利用好我们的治水历史，尤其要用历史的眼光认识治水，防止治水中的任何麻痹大意，以免给人民留下安全隐患，造成无可挽回的损失。

（3）面向未来，充分挖掘治水史的时代价值。既然国史即为治水史，那么无论是从保护传承文化遗产的角度，还是从具体的水文化建设的立场，中国的治水史包括地方流域的治理开发史，都是水利人的重要精神财富。这些丰富的治水史料既有为当下治水提供借鉴的经验价值，也有为未来的开发和水文化建设提供参考的潜在价值。特别是各地在推进水文化建设中，欲增强地方水文化建设的厚重和丰富程度，都应该立足水利史，深入挖掘，合理利用，力争把水文化建设成为水利人为全社会提供的独特文化大餐。

大运河是祖先留给我们的宝贵遗产

原文

大运河是祖先留给我们的宝贵遗产,是流动的文化,要统筹保护好、传承好、利用好。

——《做好大运河保护利用的大文章》,《人民日报》,2022年9月8日

释文

这段话记录了习近平总书记半年之内两次与运河有关的讲话和指示,由此可见,习近平总书记对大运河高度重视、十分关心,有着浓厚的运河情怀。这份运河情怀留下了一连串的"文化足迹",演绎出总书记与运河的许多故事。这些故事最早可以追溯到2006年,时任浙江省委书记的习近平乘坐杭州水上巴士专门考察了京杭大运河杭州段,要求"把运河真正打造成具有时代特征、杭州特色的景观河、生态河、人文河,真正成为'人民的运河''游客的运河'"。自

此以后，习近平总书记多次到大运河考察调研，作出一系列重要指示批示。从京杭大运河上的"西湖"号，到北京通州大运河森林公园、扬州运河三湾生态文化公园，再到浙东运河文化园，由南到北，总书记的"运河情怀"不断延展升华。

评析

进入21世纪以来，保护文化遗产成为全球共识。中国是文化遗产大国，拥有世界文化遗产、非物质文化遗产、全球重要农业遗产、世界灌溉工程遗产等各类文化遗产，因此，如何保护、传承、利用遗产是新时代中国传统文化面临的一个大课题。在这一问题上，可以说大运河树立了文化遗产保护、传承、利用的典范。党的十八大以来，习近平总书记多次考察运河，对大运河作出指示、批示，深刻阐明了大运河文化的历史地位和时代价值，深刻阐释了大运河文化保护和利用、传承和发展的辩证关系，其中蕴涵的思路、方法、答案，为统筹保护、传承和利用，让大运河在新时代绽放出璀璨光彩，指明了方向、提供了遵循。丰富而又特色鲜明的文化遗产既是各地的宝贵资源，又是地方文化名片。对待这些遗产，既要加强保护，又要进行传承，还要考虑如何活化利用，这是一个综合性很强的"考题"，必须做到统筹协调，而不能顾此失彼。习近平总书记对运河保护传承利用的指示和实践恰恰给我们提供了参考的榜样。